당신의 5년을 절약해 줄

구움과자의 기술

당신의 5년을 절약해 줄

구움과자의 기술

정용현 · 강현지 지음

BnCworld

구움과자에
기술이 왜 필요할까?

엄마표 된장찌개를 잘 끓이고 싶다면

엄마가 일러 준 그대로 재료를 사용하고 타이머까지 맞춰 가며 똑같이 끓인 엄마표 된장찌개. 그런데 왜 내가 끓이면 그 맛이 나지 않는 걸까요? 심지어 어떤 날은 더 맛있는 것 같고, 또 어떤 날은 맛이 덜한 것 같고. 내가 끓인 찌개마저도 날마다 다른 맛이 나니 참으로 난감합니다. 균일한 음식 맛을 내는 것은 원래부터 불가능한 것일까요? 그렇다면 매일 수백 개의 제품을 생산하는 제과점은 도대체 어떻게 그 많은 제품을 균일하게 생산할 수 있는 길까요?

해답은 바로 제과사들이 오랜 시간 공들여 쌓아 온 데이터의 합, '기술'입니다. 기술이 있어야 균일한 제품을 생산할 수 있습니다. 제과점의 주방은 미량의 소금도 저울에 정확하게 계량해 사용하는, 현미경은 없지만 버터 향 가득한 연구실입니다. 매일 높은 품질과 균일한 맛의 제품을 수십 가지씩 만들어 내는 무시무시한 곳이기도 하지요. 과자를 만들 때는 처음부터 끝까지 오감을 열고 모든 공정을 체크해야 합니다. 재료는 정확히 계량이 되었는지, 반죽은 순서에 맞게 적절한 되기로 되었는지, 정확한 시간만큼 구워졌는지, 오븐에서 꺼내기 전 부족한 부분은 없는지 오감으로 느껴 가며 작업을 해야 하지요. 이 모든 과정이 우리가 정해 놓은 '기준'에 맞는지 확인해야 한다는 의미입니다.

그렇다면 '제과의 기술'은 어떻게 만들어지는 것일까요? 생산에 영향을 끼치는 다양한 변수를 인지하고 그에 따른 변수를 통제하려고 노력하며, 이것을 규칙으로 만드는 일이 '제과의 기술'을 만드는 과정입니다. 이 책에서 소개할 '구움과자의 기술'은 저희가 수년간 '과자빙'을 운영하며 자곡차곡 쌓아 온 응축된 결과물입니다. 어떤 기술은 '몇 도의 온도에 몇 분'과 같이 경험에 의지해 표현했지만, 또 어떤 기술은 시각, 촉각과 같은 오감에 의지해 설명했습니다. 이 제과의 기술을 모른 채, 그저 레시피에 있는 숫자만 보고 제품을 만든다면, 다음에 만들 때는 똑같은 품질의 제품을 만들 수 없을지도 모릅니다. "분명 어제는 괜찮았는데 오늘은 왜 식감이 다르지?" 또는 "지난번에 10개를 구울 때는 잘 만들어졌는데 5개를 구우니까 왜 다르게 나오는 걸까?" 등 기술이 부재하다면 주방에서 발을 동동 구르는 순간들을 수없이 마주하게 될 것입니다.

저희 역시 오랫동안 구움과자를 만들며 너무도 많은 변수를 만났고, 새로운 변수를 만날 때마다 낭황하곤 했습니다. 3시간 뒤가 매장 오픈 시간인데 오븐에서 제품이 이상하게 부풀기도 하고 반대로 부풀지 않는 등 여러 가지 문제로 마음을 졸인 순간이 한두 번이 아닙니다.

그렇게 넘어질 때마다 다시는 같은 문제로 인해 이 비싼 디저트를 폐기하지 않겠다는 마음으로 노트에 빼곡하게 쓴 기록이 바로 이 책에 담은 '구움과자의 기술'입니다. 긴 시간 제과점을 운영했어도, 제과사로 몇 년을 일했어도 균일한 디저트를 만드는 일은 여전히 '엄마의 된장찌개를 그대로 끓이는 것'처럼 신경이 곤두서는 일입니다.

사람이 하는 일인데 그럴 수도 있지

동네에 살 알려진, 유명한 제육볶음 식당이 있다고 가정해 봅시다. 이 식당은 양도 많고, 제육볶음에서 불 맛도 폴폴 나고, 정성스런 나물 반찬에 솥으로 지은 밥, 게다가 서비스로 부침개와 맛있는 국까지 내는 식당입니다. 직원들은 매우 친절하고, 음식이야 사람이 하는 것이니 소금씩 다를 때도 있지만 매우 맛있는 편입니다. 게다가 식사를 마치고 결제를 할 때면 맛있는 수제 젤리를 하나씩 나눠 줍니다. 매콤한 제육볶음을 먹은 손님들을 위한 서비스라는데 카운터에 적혀 있는 것을 보니 따로 판매하는 상품입니다. 그럼에도 불구하고 매번 이렇게 모든 손님들에게 젤리를 하나씩 나누어 주니 참으로 감동스럽습니다. 그래서인지 식사를 마치고 나오면 밖에는 언제나 기다리는 손님들로 북적입니다.

마침 귀한 손님이 오셔서 이 제육볶음 식당에 모시고 가려고 합니다. 이미 기다리고 있는 손님이 많아 꼬박 1시간을 기다립니다. 이왕 왔으니 이 집이 얼마나 맛있으며 식사 후에는 어디에서도 맛보지 못할 수제 젤리를 나눠 준다는 이야기를 나누며 기다립니다. 긴 기다림 끝에 마침내 식당에 들어갔는데 가게가 많이 바빠 보입니다. 평소보다 음식도 늦게 나오고, 음식 나오는 순서도 뒤죽박죽이고, 제육볶음에서 나던 불 맛도 약합니다. 음식을 다 먹고 이제 결제를 할 차례입니다. 그런데 웬일인지 결제를 마쳤는데도 젤리를 주지 않습니다. "젤리는 안 주나요?" 점원에게 물으니 카운터에 있는 가격표를 가리키며 대답합니다. "젤리는 구매하셔야 해요" 젤리를 먹으러 온 건 아니지만 왠지 모르게 섭섭한 마음으로 오늘따라 분주해 보이는 식당을 나섭니다. 고작 서비스 젤리 하나 때문에 이 가게에 발길을 끊을 것은 아니기 때문에 다음에 사장님께 젤리 서비스가 끝났는지 물어봐야겠습니다. 만약 끝난 것이라면 우리처럼 당황하는 손님이 있을 수 있으니 작게 안내 문구를 붙이는 것은 어떠냐고 건의해 봐야겠습니다. 오늘 제육볶음은 여러모로 만족스럽지 않았지만 다행히도 같이 온 손님은 맛있게 드셨다고 하니 그냥 넘기기로 합니다.

짐작하겠지만 이 이야기는 맛과 서비스가 균일하지 못한 식당의 예입니다. 손님들은 이 자잘해 보이는 이유들 때문에 좋아하는 제육볶음 식당에 영원히 등을 돌리지는 않을 것입니다. 하지만 같은 스토리를 제과점에 접목시킨다면 결과가 어떨까요? 제과점에서는 이 사소하게 보이는 불균일함이 절대 괜찮을 수 없습니다.

작은 결함도 용서가 안 되는 이유

예를 들어 봅시다. 여러분은 오늘 맛있는 구움과자를 디저트로 먹을 예정입니다. 그래서 점심은 간단하게 샐러드를 먹었습니다. 드디어 후식 시간입니다. 어제 지하철을 타고 1시간이 넘는 거리에 있는 유명한 디저트 가게까지 가서 사 온 레몬 마들렌을 꺼냅니다. 더 맛있게 즐기기 위해 진한 커피까지 내려 두었습니다. 심플하지만 세련된 포장 디자인은 볼 때마다 기분을 좋게 만듭니다. 그런데 상자를 열자마자 뭔가 이상합니다. 지난번에 맛있게 먹었던 그 마들렌과는 모양이 사뭇 다릅니다. 마들렌의 배꼽은 납작하고, 왠지 평소보다 크기도 작고 무게도 가벼운 것 같습니다. 색깔도 더 밝은 느낌입니다. 먹어 보니 맛도 어딘지 모르게 좀 다른 것 같습니다. 이 디저트를 먹기 위해 점심도 가볍게 먹었는데 갑자기 기분이 팍 상합니다. 어쩔 수 없이 먹기는 했지만 기분이 좋지 않습니다. 다음에는 더 맛있는 레몬 마들렌 맛집을 찾아봐야겠다고 생각합니다.

이 이야기에 공감이 되시나요? 음식점과는 달리 제과점은 작은 결함일지라도 용서가 되지 않습니다. 작은 티끌도 고객에게는 황사처럼 불편하게 다가가 영영 발길을 끊는 이유가 될 수 있습니다. 그렇다면 왜 디저트는 조금의 결함도 허용되지 않을까요? 왜 균일함이 이토록 중요한 걸까요? 그 이유는 아마 제과점에서 판매하는 과자가 배가 고파서 먹는 음식이 아니기 때문일 것입니다. 한마디로 이곳이 아니면 대신 다른 곳을 이용하면 되고, 그마저도 마음에 들지 않으면 영영 이용하지 않을 수도 있다는 뜻입니다. 지친 나의 하루를 달래 주는 과자, 고마움을 전하는 과자. 디저트는 마음을 채워 주고 마음을 표현하는 특별한 음식입니다. 그래서 작은 결함이라도 발견되면 왠지 더 속상하고 서운한 마음이 들어 괜찮지가 않습니다.

언제 방문해도 균일한 질의 과자를 먹을 수 있다는 것은 매장을 이용하는 고객들에게 안정감을 줍니다. 이는 재방문으로 이어지고 매장에 대한 애정을 갖게 합니다. 균일한 디저트를 생산하는 것은 비즈니스의 생존과 직결되는 아주 중요한 요소입니다. 내가 방문하는 디저트 가게의 구움과자가 오늘은 작고, 어제는 싱겁고, 내일은 못생겼는데 가격은 똑같다면 어떤 기분이 들까요? 심지어 디저트 상태는 계속 불균일한데 가격은 계속 오른다면요.

한두 번 서운해 하고 넘기는 고객도 있겠지만 아예 발길을 뚝 끊고 더 안정감과 즐거움을 주는 다른 디저트 가게를 이용할 가능성이 많을 것입니다.

고객에게 신뢰감을 주고 즐거움을 선사하는 가게로 남기 위해서는 '균일한 디저트 생산'에 총력을 기울여야 합니다. 그래서 과자방의 제과사들은 주방에서 긴 시간 동안 지속적으로 오감을 열고 작업해 왔습니다. 자세히 기록하고 오답 노트를 만들어 다시 현장에 적용하기를 반복했지요. 그 치열하게 찾아낸 모든 노하우를 담은 것이 바로 이 책, 『구움과자의 기술』입니다.

창과 같은 무기가 될 『구움과자의 기술』

구움과자는 전체 공정 중 단 한 가지만 잘못되어도 모든 단계에서 조금씩 신호를 보냅니다. 예를 들면 휴지시킨 반죽이 평소와 달리 지나치게 묽다거나 혹은 단단하다거나, 오븐에서 구워져 나온 과자가 익긴 있었는데 평소보다 색이 많이 밝다거나 혹은 어둡다거나 하는 것들입니다. 구움과자는 기어코 결과물에 잘못된 것이 드러나는 아주 솔직한 품목이라서 직접 먹어 보지 않아도 오류를 잡아낼 수 있다는 나름의 장점도 있습니다.

이 장점을 완벽하게 활용하기 위해서는 과자의 오류를 알아보는 시각을 갖추어야 하겠지요. 이것 또한 기술자가 갖춰야 할 '기술'입니다. 저희는 균일한 제품을 생산하고자 하는 생산자로서 기준에 못 미치는 과자들은 판매대에 올리지 않습니다. 동시에 어디에서부터 잘못되었는지 되짚어 보며 치열하게 분석하고 고뇌합니다. 만족스럽지 못했던 과거의 디저트는 하나의 공부 자료가 되고, 그것들이 쌓여 지식이 되고, 결과적으로 많은 고객들에게 사랑받는 과자를 만드는 기술이 되었습니다.

같은 사람이라도 세월에 따라 취향이 바뀌는 것처럼 저희들의 입맛 또한 변해 왔습니다. 처음 판매를 시작했을 때 맛있다고 느꼈던 과자들과 지금 맛있다고 느끼는 과자가 다릅니다. 그 기준에 대한 생각이 변했고 많은 성장과 변화가 있었습니다. 전에는 '첫입부터 맛있음'에 초점을 맞추었다면, 현재는 '하나를 다 먹고도 더 먹고 싶고, 다음에 다시 생각나는 과자'에 초점을 맞추어 레시피를 발전시키고 있습니다. 반드시 또 먹고 싶은 마음이 들도록 디저트의 식감과 색, 구성과 향, 그리고 호기심을 불러일으킬 만한 의외성을 담아내기 위해 노력하고 있습니다. 저희는 이를 맛의 레이어(layer)를 쌓는다고 표현합니다.

여러 맛을 과자의 요소에 층층이 세밀하게 담고, 고객의 입맛을 겨냥하기 위해 인내의 시간을 거쳐 날카롭게 다듬은, 상아노 같은 레시피들을 『구움과자의 기술』에 꾹꾹 눌러 담았습니다. 실제로 판매했었고 판매 중이며 소비자들에게 검증까지 마친 레시피들을 임신해 실었기 때문에 솔직한 심성으로는 아까운 마음이 들기도 합니다. 하지만 한편으로는 이렇게 귀하고 소중한 레시피들을 소개한다는 것이 무엇인지 모를 설렘을 일으켜 가슴이 두근거립니다.

이 책이 취미로 과자를 굽는 독자에게도, 현장에서 근무하는 전문가에게도 크나큰 무기가 됐으면 좋겠습니다. 시간과 체력을 설약하고 효율적으로 과자를 굽는 전략적인 기술이 됐으면 합니다. 오래오래 간직하며 구움과자를 만들 때마다 펼쳐 보는 비장의 무기가 되었으면 하는 바람입니다. 제과에 절대적인 정답은 없다고 생각하지만, 이 책에서 소개하는 과자방의 노하우만큼은 독자들의 베이킹에 든든한 지원군이 될 수 있기를 바랍니다.

챕터 01

마들렌

피낭시에

기타 구움과자와 쿠키

과자를 만들다가 막힐 때 펼쳐 보는 오답 노트

볼(PC)

적외선
온도계

핸드블렌더

붓

탐침형 온도계

주걱

거품기

짤주머니

각봉

밀대

좋은 과자를 만들기 위한 필수 도구와 기계

'구움과자의 기술'을 완벽하게 활용하기 위해 꼭 필요한 도구와 기계입니다. 실제 과자방 주방에서 꾸준히 사용 중인 도구와 기계들을 소개합니다. 주방 기물은 자주 세척해야 하기 때문에 견고하면서도 세척이 용이하고, 높은 열에도 견딜 수 있는 내열성이 있는 것들을 선택하는 것이 좋습니다.

거품기

거품기는 다양한 크기를 가지고 있는 것이 좋습니다. 많은 양의 재료를 섞을 때 작은 거품기로 작업하면 다양한 각도로 2배 이상 힘을 들여 여러 번 저어 주어야 하기 때문에 필요 이상의 힘이 듭니다. 반대로 적은 양의 반죽을 작업할 때는 양에 비해 지나치게 커다란 거품기를 사용하면 거품기 안쪽에 가득 찬 반죽을 밖으로 빼내느라 시간을 낭비하게 됨은 물론, 제대로 섞이지 않습니다. 많은 양을 작업할 때는 손잡이와 살이 커다란 거품기를 사용하고 적은 양을 만들 경우에는 작고 아담한 거품기를 선택하는 것이 효율적입니다.

온도계

균일한 제품을 생산하기 위해 온도계는 꼭 필요합니다. 너무 낮은 온도에서 달걀과 버터를 섞으면 잘 섞이지 않아 완성도 있는 제품을 만들지 못합니다. 반대로 너무 높은 온도에서 달걀과 버터를 섞으면 달걀이 익어 버리거나, 의도하지 않은 결과물이 나올 수 있습니다. 이러한 변수를 최대한 줄이는 데 가장 큰 역할을 하는 도구가 온도계입니다.

온도계는 표면의 온도를 빠르게 측정할 수 있는 적외선 온도계와 시간이 조금 더 소요되지만 손도를 너욱 진회하게 잴 수 있는 터치형 온도계가 있습니다. 그러나 적외선 온도계로 너무 가까이에서 표면의 온도만을 측정하면 그 온도가 정확하지 않을 수 있습니다. 안쪽에 있는 내용물을 주걱으로 떠 올려서 일정 거리를 두고 표면으로 떨어지는 반죽의 온도를 재면 가장 정확하게 측정할 수 있습니다. 캐러멜이나 설탕 시럽, 잼과 같이 액체류를 끓일 때는 끓어오르면서 김이나 기포가 발생해 적외선 온도계로는 정확한 측정이 어렵습니다. 이와 같이 일정하면서 정확한 농도로 끓여야 하는 제품을 만들 때, 고온의 온도를 확인해야 할 때는 탐침형 온도계를 사용하는 것이 좋습니다.

적외선 온도계를 2개 이상 구비해 두면 측정 온도가 의심스러울 때 교차로 확인해 볼 수 있습니다. 온도계를 바닥에 떨어뜨리는 등 자주 충격을 가하거나, 인덕션과 같은 발열 기구와 가까이 두면 정확한 온도가 측정되지 않을 수 있으므로 사용과 관리에 유의합니다.

주걱	불 위에서 사용하는 경우가 많기 때문에 내열이 되는 견고한 실리콘 타입의 주걱을 다양한 크기로 준비합니다. 작은 주걱은 적은 양의 재료를 긁어낼 수 있고 큰 주걱은 대량의 재료를 옮길 때와 섞을 때 효과적입니다. 만약 주걱에 이음매가 있다면 분리해 세척할 수 있는 제품이 좋고, 분리가 되지 않는다면 이음매가 없는 타입의 일체형을 고르는 것이 위생적입니다. 사용하다가 찢어지거나 주걱이 낡으면 이물질이 발생하면서 제품에 유입될 수 있으니 상한 주걱은 반드시 바로 폐기하도록 합니다.
볼 [스테인리스 / PC]	효율적인 작업을 위해서는 볼을 다양한 크기로 구비해 두는 것이 좋으며 보통 두 가지 소재의 볼을 활용합니다. 열전도가 잘 되는 스테인리스 볼은 냄비 위에 올려 중탕을 하거나 얼음물 위에서 온도를 빠르게 떨어뜨릴 때 효과적입니다. 폴리카보네이트(Polycarbonate) 소재의 볼(이하 PC 볼)도 많이 사용합니다. 열전도는 잘 되지 않지만 전자레인지에서도 사용이 가능하기 때문에 초콜릿 등의 재료를 담아 전자레인지로 재료의 온도를 빠르게 올리거나 녹일 때 매우 효과적입니다. 또 버터나 달걀 등을 실온 상태로 준비했어야 하는데 미처 냉장고에서 꺼내 놓지 못했다면 PC 볼에 담아 전자레인지에 넣고 출력을 낮춘 뒤 짧게 끊어가며 작동시키면 금세 상온의 온도로 맞출 수 있습니다. 반면 직화로 사용할 경우에는 형태에 변형이 일어날 수 있으므로 주의해야 합니다.
짤주머니	크림류 등 추가로 열처리를 하지 않고 그대로 섭취하는 재료를 넣고 짤 때는 위생을 위해 비닐 타입의 제품을 사용하는 것이 좋습니다. 단, 비닐 타입의 짤주머니를 사용할 때는 사용하기 전 뾰족한 부분을 자른 뒤 바로 버리는 습관을 들여야 합니다. 작업 테이블에 두면 색이 없고 투명하기 때문에 눈에 잘 띄지 않아 자칫 상품에 비닐 조각이 섞여 들어갈 수 있기 때문입니다. 반면 열처리를 거치는 반죽을 팬닝할 때는 다회용 짤주머니를 사용해도 괜찮습니다.
밀대	반죽을 밀어 펴거나 누를 때 사용하며 나무와 플라스틱 소재가 있습니다. 플라스틱 밀대는 타르트 링에 버터를 바를 때도 사용할 수 있습니다. 플라스틱 밀대에 약 21℃의 부드러운 버터(포마드 상태)를 골고루 바른 뒤 그 사이에 원형 타르트 링을 약 10개 정도 끼우고 양손으로 밀대 끝을 잡은 다음 힘차게 돌리면 타르트 링 안쪽에 버터를 바를 수 있습니다. 타르트 링에 반죽을 넣고 구운 뒤 틀에서 잘 빼내기 위해서는 반드시 버터 칠을 해야 하는데 몇백 개를 작업해야 할 때면 하나하나 버터 칠을 하는 데 시간과 품이 많이 듭니다. 이때는 시간을 단축시키기 위해 플라스틱 밀대를 활용하는 것이 좋습니다. 나무 밀대는 너무 자주 세척하면 상하기 쉬우므로, 반죽 등이 묻어나지 않는 작업을 할 때는 행주로 가볍게 닦아낸 뒤 보관하고, 물로 세척한 후에는 모든 면을 골고루 잘 말려 보관합니다.

각봉	'슬라이스 바'라고도 부릅니다. 보통의 각봉은 케이크 시트를 균일한 두께로 재단할 때 사용하지만 과자방에서는 주로 마들렌을 구울 때 마들렌 반죽이 흐르지 않도록 몰드 밑에 받치는 용도로 사용합니다. 2가지 사이즈를 구비해 사용 중이며 오븐에서 열을 받으면 뜨겁게 달궈지므로 다룰 때는 반드시 오븐 장갑을 착용하고 화상에 유의합니다.
붓	틀에 버터를 바르거나 글라사주할 때 사용합니다. 식품에 사용하는 붓은 얼마나 위생적이며 지속적으로 관리할 수 있느냐가 관건인데, 일반 붓은 털이 완전히 마를 때까지 시간이 오래 소요되고 습한 환경에 노출되면 곰팡이가 생길 수 있으므로 가급적이면 실리콘 붓을 사용하도록 합니다. 실리콘 재질의 붓을 사용하면 붓의 털이 빠지면서 제품에 이물질이 발생하는 문제도 방지할 수 있습니다.
핸드블렌더	특히 가나슈를 만들 때 꼭 필요한 도구입니다. 초콜릿 속 카카오 지방과 생크림 속 수분을 거품기만으로 고르게 섞는 데는 한계가 있기 때문에 부드럽고 찰진 식감을 내기 위해서는 핸드블렌더를 사용해야 합니다. 어떤 것을 골라도 괜찮지만 헤드의 모양이 너무 깊숙한 것보다는 얕은 것을 추천합니다. 핸드블렌더를 사용한 뒤에는 칼날에 묻은 재료를 제거해야 하는데 칼날 안쪽에 재료가 깊게 묻어 있으면 긁어내기가 여간 어려운 일이 아닙니다. 미니 주걱을 사용하면 비교적 수월하게 긁어낼 수 있지만 얕은 것을 사용하는 것이 더 효율적입니다. 과자방에서는 필립스 핸드블렌더를 사용하고 있습니다.
가루체	구멍이 성글거나 촘촘한 타입의 체를 다양한 크기로 구비해 두는 것이 좋습니다. 과자방 주방에서는 구멍의 크기가 다른 커다란 가루체들을 사용하고 있습니다. 가루를 체 치는 작업은 혹시 모를 이물질을 걸러 내고 뭉침이 생긴 재료를 고르게 분산시키는 과정입니다. 구멍이 큰 체는 아몬드, 헤이즐넛과 같이 기름기가 많고 입자가 큰 견과류 가루를 체칠 때 사용합니다. 견과류 가루를 구멍이 작은 체에 내리면 작은 구멍을 억지로 통과시키기 위해 보다 많은 시간이 소요되며 손으로 짓누르는 등 필요 이상의 에너지가 소모됩니다. 또 이 과정을 거치면서 가루가 상하고 기름기가 배어 나와 미세하게나마 제품에 영향을 끼칠 수 있습니다. 때문에 재료가 상하지 않도록 최대한 자연스럽게 다루기 위해서라도 재료에 알맞은 체를 사용하는 것이 좋습니다. 견과류 가루를 제외한 밀가루와 수급 등은 구멍이 작은 체를 활용합니다. 또한 코코아파우더, 말차가루 등은 밀가루에 비해 사용량이 적기 때문에 보관하는 용기 내부에 작고 고운 타입의 분당체를 넣어 두고 사용하면 좀 더 빠르고 효율적으로 작업할 수 있습니다.

저울

미세 저울

소수점까지 측정할 수 있는 미세 저울이 필요합니다. 과자방의 주방에서는 주로 CAS사(社)의 미세 저울을 사용하고 있습니다. 보통 미세 저울은 최대 1kg까지 측정이 가능하며, 최소 2g부터 소수점 단위로 확인할 수 있습니다. 베이킹파우더나 소금처럼 소량만으로도 제품에 많은 변화를 가져오는 재료를 계량할 때 반드시 필요합니다. 저울을 보관하거나 사용할 때 1kg 이상의 물건을 지속적으로 올려 두거나 압박을 가하면 저울이 쉽게 망가질 수 있으니 주의하세요.

중간 저울, 큰 저울

1kg 이상의 재료를 측정할 때 필요합니다. 재료를 믹서볼이나 냄비에 넣고 미세 저울로 무게를 재면 무게 측정 범위를 쉽게 넘어서기 때문에 측정이 불가능합니다. 이럴 때는 3kg까지 측정이 가능한 중간 사이즈 저울이나 10kg까지 측정이 가능한 큰 사이즈의 저울을 사용하는 게 좋습니다. 과자방에서는 중간 저울과 미세 저울은 건전지를 넣는 타입의 제품을, 큰 저울은 충전식 제품을 사용 중입니다. 주방에서는 건전지식보다 충전식이 활용도가 더 높은 편입니다. 충전하는 중에도 계량이 가능하기 때문에 건전지가 떨어져 급하게 사러 가거나 건전지를 갈아 끼우기 위해 작업을 멈추는 일을 방지할 수 있습니다.

가루체

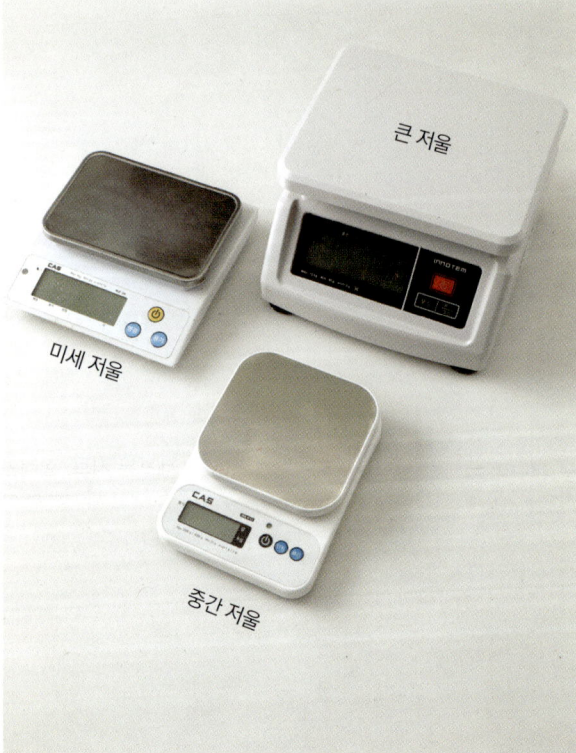

큰 저울

미세 저울

중간 저울

컨벡션 오븐

과자방은 새벽부터 많은 양의 과자를 당일 생산, 판매하고 있기 때문에 열을 순환시켜 빠르고 균일하게 굽는 컨벡션 오븐을 사용합니다. 400x600㎜ 철팬이 4단으로 들어가는 우녹스(UNOX) 가로형 오븐 2대와 스메그(SMEG) 오븐 1대를 보유하고 있습니다. 우녹스의 오븐은 순간적인 출력이 좋고 바람이 세, 이른바 힘이 좋기로 유명합니다. 그만큼 제품에 열이 잘 전달되기 때문에 볼륨감이 좋아야 하는 과자를 구울 때 효과적입니다. 또한 용량이 커서 한 번에 많은 양을 생산할 수 있기 때문에 대량 작업에 용이합니다. 하지만 그만큼 소음도 큰 편이며 중량이 작은 쿠키류, 퍼짐성이 불필요한 쿠키 등을 구울 때는 바람이 워낙 세서 제품이 바람에 날아가거나 부침개처럼 퍼질 수 있습니다. 그래서 쿠키류를 구울 때는 조용하지만 실속 있게 구워지는 스메그 오븐을 주로 사용합니다. 스메그 오븐으로 마들렌을 구워야 하는 경우라면 우녹스에 비해 1.5배 정도의 시간이 더 소요되며, 출력이 낮은 만큼 구움색 또한 밝은 편이니 이 점을 미리 알고 사용하는 것이 좋습니다. 오븐은 가격, 소음의 정도, 전력 등 자신의 업장이나 작업실의 상황을 고려해 선택하는 것이 좋습니다.

우녹스   스메그

그릴

제품을 식힐 때, 구움색을 고르게 내고 싶을 때 사용합니다. 과자방에서는 마들렌과 피낭시에를 구울 때 아래에 그릴을 받쳐 굽습니다. 대류로 구워지는 컨벡션 오븐에서 일반 철팬보다 공기의 흐름을 원활하게 해 열전도가 잘 되기 때문에 제품의 구움색이 고르게 나며 균일한 상태의 제품을 만들 수 있습니다.

오븐 매트

테프론 시트, 실리콘 타공 매트, 실리콘 매트 등이 있습니다. 테프론 시트는 반영구 다회용 베이킹 시트로 묵직한 타입의 커다란 쿠키, 케이크 시트, 글라세 등 팬에서 잘 떨어지지 않는 제품을 구울 때 사용합니다. 타공 실리콘 매트는 그물처럼 구멍이 성글게 나 있어 공기와 수분이 바닥으로 빠져 나가도록 도와주기 때문에 타르트 셸, 사블레 반죽, 쿠키 등을 구울 때 활용하면 제품의 바닥이 들뜨지 않고 평평하게 구워집니다. 실리콘 매트는 잘 손상되지 않아 반영구적으로 사용이 가능하며 캐러멜, 마시멜로 등 끈적한 제품을 만들 때도 잘 들러붙지 않아 다양하게 활용할 수 있습니다.

틀, 몰드

마들렌, 피낭시에, 파운드케이크 모두 다양한 틀을 선택할 수 있습니다. 마들렌의 경우 실리콘 몰드, 코팅팬 등 소재에 따른 작업성을 고려하거나 깊이, 모양 등에 따라 틀을 선택할 수 있습니다. 하지만 많은 양의 몰드를 필요로 하는 주방에서는 작업자의 피로도를 낮추기 위해 가볍고 세척하기 쉬운 실리콘 재질의 몰드를 사용하는 것이 좋습니다. 많이 사용하는 실리콘 몰드는 플렉시판(Flexipan)의 제품으로 가격대가 높은 편이지만 반영구적이며 많은 양을 만들 때도 몰드가 가볍기 때문에 피로도가 낮고, 세척이 쉬우며, 부피를 적게 차지합니다. 또 실리콘 재질의 몰드는 촉촉한 식감의 마들렌을 만들기에 적합합니다.

제품이 틀에서 잘 떨어지도록 코팅이 되어 있는 철팬은 실리콘 재질의 몰드에 비해 좀 더 합리적인 가격에 구매가 가능합니다. 또한 다양한 사이즈가 판매되고 있어 선택의 폭이 넓으며 열전도율이 좋아 어느 오븐에서 굽더라도 구움색이 고르게 난다는 장점이 있습니다. 따라서 겉면의 바삭함과 진한 구움색에 따라 맛이 달라지는 피낭시에나 오랜 시간 먹음직스럽게 구워 내야 하는 파운드케이크를 구울 때는 꼭 코팅이 된 철팬을 사용하고 있습니다. 다만 사용할수록 코팅이 벗겨지기 때문에 지속적으로 새로운 틀로 교체해야 하며, 오래 사용하기 위해서는 반죽을 팬닝하기 전에 틀에 버터를 발라 코팅한 뒤 사용하고, 세척과 건조에 신경을 쓰는 등 관리에 주의를 기울여야 합니다.

> **팁 ▶ 플렉시판 몰드 세척과 보관하기**
>
> 고가의 플렉시판 몰드는 반영구적으로 사용하는 몰드이기 때문에 처음부터 관리를 잘하는 것이 무척이나 중요합니다. 구매한 새 플렉시판은 오븐에 넣고 한 번 구워 실리콘 냄새를 날린 뒤 세척해 사용합니다. 세척할 때는 수세미의 부드러운 부분을 활용해 구석구석 꼼꼼히 닦아 기름기를 제거하고 미온수로 헹궈 냅니다. 그 이후에는 그릴 위에 겹치지 않게 한 판씩 뒤집어 놓고 자연 건조하는 것이 가장 좋습니다. 오븐에 구워 말리는 방법도 있지만, 몰드에 아무것도 넣지 않은 상태로 지속적으로 열을 가하면 몰드가 달궈지면서 상해 수명이 짧아질 수 있습니다.

푸드프로세서, 콘칭기

없어도 무방하지만 있으면 작업 효율과 제품의 질을 높일 수 있는 도구들입니다. 푸드프로세서는 비교적 합리적인 가격에 살 수 있으므로 하나쯤 구비해 두는 것이 좋습니다. 취미로 베이킹을 하거나 업장을 운영하는 등 어떤 경우라도 활용도가 높습니다. 바닐라 빈에서 씨를 긁어내 사용한 뒤 깍지를 그대로 말려 푸드프로세서에 넣고 곱게 갈아 체 치면 바닐라파우더를 만들 수 있습니다. 견과류를 활용한 페이스트, 프랄리네 등 고가의 제품을 직접 만들 때도 좋습니다. 다만 푸드프로세서로 페이스트나 프랄리네를 만들 때는 기계를 장시간 작동시켜야 하는데, 그 과정에서 기계가 과열되어 작동이 멈추기도 하고 페이스트나 프랄리네의 온도가 올라가거나 원하는 만큼 곱게 갈리지 않을 수 있습니다. 온도가 너무 올라가면 견과류의 향이 쉽게 발향되어 풍미가 낮아질 수 있으며, 입자가 충분히 갈리지 않은 경우에는 버글거리는 식감이 도드라지게 됩니다.

이러한 단점을 보완하기 위해서는 콘칭기를 사용하는 것이 좋습니다. 과자방에서는 DCM 콘칭기를 사용하고 있습니다. 기계를 열면 화강암으로 만든 커다란 스톤 롤러 2개가 맷돌처럼 들어 있는데, 콘칭기는 푸드프로세서와 비교했을 때 보다 부드럽고 고운 형태의 페이스트와 프랄리네를 만들 수 있습니다. 또 장시간 작동시켜도 쉽게 과열되지 않는 장점이 있습니다. 다만 콘칭기를 사용할 때는 반드시 사전에 푸드프로세서로 재료를 갈아 피우더 형태로 만든 뒤, 콘칭기에 조금씩 넣으며 페이스트 형태로 만들어야 합니다. 한꺼번에 모든 가루를 가득 넣으면 기계가 작동을 멈출 수 있으니 수의하도록 합니다.

굴절식 당도계

당도 측정기라고도 부르는 당도계는 100g의 용액 안에 얼마만큼의 당분(설탕)이 들어 있는지를 측정할 때 사용합니다. 예를 들어 15브릭스(Brix)는 100g의 용액에 15g의 당분이 있다는 뜻입니다. 따라서 브릭스의 값이 높을수록 당분이 높다는 뜻이며, 이는 곧 되직하다는 의미로도 볼 수 있습니다. 제과에서는 과일 및 퓌레를 활용한 콩포트나 즐레 등을 자주 만들고 마들렌과 같은 제품에 충전물로 사용하기도 합니다. 이때 충전물이 너무 묽으면 힘이 없어 적절하게 들어가지 못하고 밖으로 빠져 나와 흐릅니다. 반대로 너무 되직하다면 충전물로 사용하기에는 좋지만 디저트를 먹었을 때 입안에서 충전물이 마지막까지 남아 의도하지 않게 충전물의 맛이 강하게 느껴질 수 있습니다. 예를 들어 새콤한 샘을 충진한 미들렌을 먹었을 때 입안에 잼만 마지막까지 남는다면 마들렌이 너무 시다고 느끼게 됩니다. 또 제품에 펴 발라야 할 경우에는 펴 바르는 데 시간과 힘이 많이 들어가게 되거나 제품이 망가질 수도 있습니다. 따라서 적절한 농도로 일정하게 끓여 사용해야 합니다. 이를 위해 당도계를 활용해 적절하게 만든 제품의 당도를 측정하고 기록해 두면 다음에도 똑같은 질감과 농도로 만들 수 있습니다. 금액 또한 합리적이기 때문에 수방에 하나씩 구비해 두면 편리하게 사용할 수 있습니다.

구움과자를 만드는
필수 재료 6가지와 부재료 3가지

필수 재료 | 6가지

달걀

폭신한 마들렌을 만들기 위해서는 달걀이 필요합니다. 달걀은 마들렌 전체 중량의 약 20%를 차지하는 재료이기 때문에 신선도가 중요합니다. 과자방에서는 껍질 및 이물질 방지, 살균 등을 고려해 HACCP 공장에서 제조한 살균 액상 달걀을 사용하고 있습니다. 일반 달걀을 사용하는 경우엔 냉장고에 신선하게 보관한 달걀을 깨 껍질 등 이물질이 없는지 확인한 뒤 핸드블렌더로 한 차례 갈면 균일한 상태가 되어 사용하기에 편리합니다.

밀가루

식감과 모양에 가장 큰 변화를 주는 재료입니다. 달걀과 비슷하게 전체 중량의 약 20%를 차지하며, 밀가루 속에 들어 있는 단백질 성분들이 반죽 속 수분과 만나 과자의 형태를 유지하는 글루텐을 생성하게 됩니다. 밀가루는 글루텐 함량에 따라 박력분, 중력분, 강력분으로 분류하며, 글루텐이 많을수록 빵과 같은 쫀득하면서도 폭신한 식감을, 글루텐이 적을수록 부드럽거나 바삭하고 경쾌한 식감을 구현할 수 있습니다. 따라서 쿠키류나 가벼운 케이크류에는 글루텐이 적고 가벼운 박력분을, 형태를 잡아 만드는 쿠키 및 기타 제과류에는 비교적 글루텐이 많아 힘이 있는 중력분 또는 강력분을 사용합니다.
또 원하는 식감과 최종 결과물에 따라 선호하는 브랜드의 밀가루를 선택해 사용하기도 합니다. 과자방에서는 밀 자체의 구수한 풍미와 묵직한 식감이 나는 마들렌을 선호해 모두 프랑스산 밀가루를 사용하고 있습니다. 이를 국내산 밀가루와 비교하자면 중력분과 강력분을 혼합한 중강력분에 해당합니다.

버터

이 책에서 사용한 모든 버터는 무염 버터입니다. 소금이 필요한 경우에는 별도로 첨가합니다. 버터는 공기 중에 장시간 노출되면 버터 속 지방이 산패하므로 가급적 사용 후에는 밀폐하여 냉동, 또는 냉장 보관합니다. 한번 완전히 녹아 성질이 변한 버터는 그렇지 않은 버터에 비해 더 빨리 산패하므로 반드시 냉장 보관하여 일주일 내에 소진하는 것이 좋으며, 사용 전에 냄새를 맡는 등 사용해도 좋을지 확인 후 사용합니다. 버터는 원산지, 원유에 유산균을 넣었는지, 소가 자란 지역 또는 어떤 풀을 먹고 자랐는지 등에 따라 그 풍미가 굉장히 다양하고 상이해 취향에 맞춰 사용합니다. 같은 배합이라도 버터 브랜드에 따라 과자의 맛이 전혀 달라지므로 비교해 보면 또 다른 재미를 느낄 수 있습니다.

설탕	백설탕, 흑설탕, 황설탕, 유기농 비정제 설탕인 마스코바도, 분당 등이 있습니다. 설탕의 당은 과자에 단맛을 주는 동시에 방부제 역할도 합니다. 상온에서 쉽게 상하지 않도록 돕고, 수분을 보존하는 역할을 해 과자가 메마르지 않고 촉촉하게 유지되도록 합니다. 과자를 만들 때는 제품에 따라 백설탕, 흑설탕, 황설탕 이 3가지를 사용합니다.
베이킹파우더	마들렌, 파운드케이크 등 볼륨이 필요한 구움과자에 사용합니다. 균일하게 부풀게 하기 위한 필수 재료로 반죽 속 액체와 만나 화학 작용을 일으켜 이산화탄소를 뿜어내는데, 이 뿜어져 나온 이산화탄소가 밀가루 반죽을 들어 올려 마들렌의 배꼽을 형성하게 됩니다. 반면 베이킹소다는 산성 성분에 반응하는 팽창제로, 일반적인 마들렌 레시피에는 산성을 가진 재료를 넣지 않기 때문에 균일한 볼륨을 만들기 위해서는 베이킹파우더를 사용하는 것이 좋습니다. 베이킹파우더는 브랜드마다 팽창력이 조금씩 다르며 반죽이 그대로 유지되는 유지력도 상이하므로 가격대와 선호도에 따라 선택해 사용할 것을 추천합니다.
물엿, 트리몰린, 꿀	설탕의 역할에 추가적인 도움을 주는 당분입니다. 과자의 식감을 보다 촉촉하게 만들 뿐만 아니라 꿀과 같이 향이 있는 당분은 제품의 풍미에도 영향을 미쳐 특색 있는 과자를 만들 수 있게 합니다. 상온에 오래 두고 먹는 구움과자의 특성상 마르거나 상하는 등의 노화를 방지하고 먹음직스러운 구움색을 내는 데도 필수적인 재료입니다.

견과류 가루

견과류는 지방을 함유하고 있어 구움과자에 깊이감 있는 풍미와 부드러운 식감을 더합니다. 아몬드파우더만 하더라도 가격은 조금 비싸지만 그만큼 맛과 향이 진한 스페인산 아몬드, 입자가 고우면서 아몬드의 풍미가 조금 더 진한 제품, 입자가 굵은 제품 등 선택지가 다양하므로 원하는 방향에 맞게 재료를 고를 수 있습니다. 주의할 점은 견과류 가루는 지방 성분이 많기 때문에 장기간 온도가 높은 곳에 보관하면 산패하기 쉽다는 것입니다. 포장을 뜯어 사용한 견과류 가루는 가급적 밀폐한 뒤 냉장 보관해 산패를 늦추고 좋은 컨디션을 유지할 수 있도록 합니다.

초콜릿

초콜릿 역시 나누는 방법에 따라 종류가 다양하지만 카카오버터 함량이 31% 이상인 커버추어 초콜릿과 식물성 유지 등을 넣어 상온에서의 보존성과 작업성이 좋은 준초콜릿으로 구별할 수 있습니다. 커버추어 초콜릿은 초콜릿 속 카카오버터의 결정을 정렬하는 작업인 '템퍼링'을 통해 빛나는 외관, 손에서 잘 녹지 않는 특징 등을 만들어 낼 수 있습니다. 반면 준초콜릿은 별다른 템퍼링 과정 없이도 냉장과 상온에서 견고하게 굳는 편리한 특성을 가지고 있습니다. 과자방에서는 모든 제품에 커버추어 초콜릿을 쓰고 있으며, 생크림과 섞어 가나슈를 만들거나 반죽에 첨가해 초콜릿의 맛과 촉촉한 질감을 내고 싶을 때 사용합니다. 또 부드러운 구움과자에 템퍼링한 초콜릿으로 바삭함을 더해 반전 있는 식감을 주고 싶을 때 사용합니다.

생크림

생크림은 크게 동물성과 식물성으로 나뉩니다. 그중 동물성 크림은 국내에서 생산되는 국산 생크림과 유럽 등 세계 각국에서 수입되는 수입산 휘핑크림이 있습니다. 국산 생크림은 우유처럼 신선하고 군더더기 없이 깔끔한 맛을 내 우유의 풍미를 고스란히 느낄 수 있습니다. 또 휘핑하면 구름처럼 폭신하고 가벼운 느낌의 크림이 완성되는 등 맛과 품질 면에서 모두 뛰어납니다. 그러나 소비기한이 짧고 휘핑을 하고 난 뒤 금세 거품이 사그라지면서 볼륨이 꺼진다는 단점이 있습니다. 유럽에서 수입되는 가공유크림인 휘핑크림 또한 동물성 크림입니다. 아이보리 색을 띠어 하얀색 국내산 생크림과 비교했을 때 확연히 구분됩니다. 또 국내산 생크림과 지방 함량은 유사하지만, 물성이 비교적 되직하고 맛이 깊고 진해 유제품의 풍미가 더욱 풍부합니다. 소비기한이 긴 편이라 상온에 두고 사용하는 가나슈 필링을 만들 때, 장기간 보관하는 상품을 만들 때 사용하기 좋습니다. 브랜드마다 풍미가 조금씩 다르니 다양하게 사용해 보면서 취향에 맞는 제품을 찾도록 합니다.

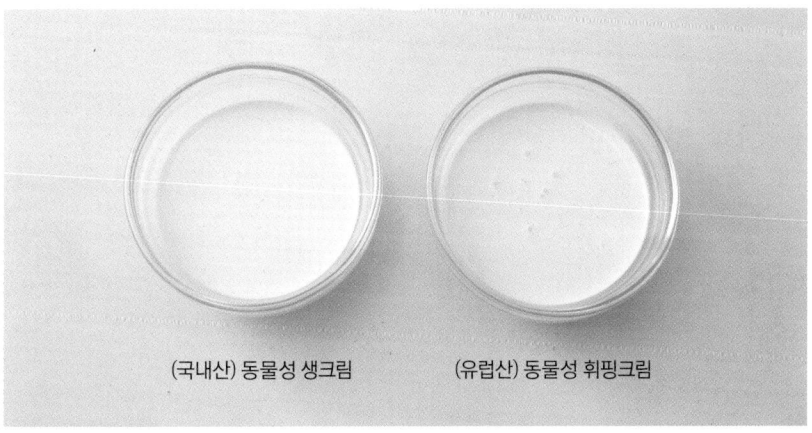

(국내산) 동물성 생크림   (유럽산) 동물성 휘핑크림

챕터 01

마들렌

한 달에 만 개 이상을
만들어 내는
마들렌의 기술

과자방 마들렌의 별명은 '배꼽빵'

여러분은 어떤 마들렌을 잘 만든 마들렌이라고 생각하시나요? 과자방에서는 마들렌을 '배꼽빵'이라고 부릅니다. 마들렌에는 보통 우리가 '배꼽'이라고 부르는 봉긋한 부분이 있습니다. 특히 과자방의 마들렌은 배꼽이 통통하여 귀엽고 먹음직스러운 것이 특징인데, 이 배꼽이 바로 과자방의 핵심이자 기술입니다. 왜 배꼽을 핵심으로 꼽았냐고요?

우선, 저희가 생각하는 디저트는 마음을 채우는 음식이기 때문에 맛뿐만 아니라 외관도 중요합니다. 배꼽이 볼록한 과자방의 마들렌은 그 둥글둥글한 모양으로 손님의 마음을 사로잡곤 합니다. 다음으로 그동안 보았던 작고 납작한 전통 마들렌과는 다르게 큼지막한 크기가 심리적, 물리적으로 만족감을 선사합니다. 작지만 값어치 있는 과자를 표방하더라도 크기가 주는 풍족함은 무시할 수 없다는 게 저희의 생각입니다. 그래야 소비자들이 마들렌을 독립적인 디저트로 인식하고 큰 만족감을 느낄 것입니다. 마지막으로 잘 부풀어 오른 마들렌은 그렇지 않은 마들렌과 식감에서 차이가 납니다. 식감이 다르다는 것은 맛이 다르다는 말과 같습니다. 분명 같은 레시피로 반죽을 만들어 구웠는데 하나는 봉긋하고 하나는 그렇지 않다면, 당연히 맛과 식감에 차이가 있을 수밖에 없습니다. '배꼽빵'이라는 별명은 과자방에서 중요시하는 기술이 무엇인지를 잘 말해 주고 있습니다.

과자방에서는 이상적으로 생각하는 마들렌이 정해져 있습니다. 구움색은 골드 브라운이어야 하고 입안에서 빠르게 녹아 내리는 타입보다는 묵직하면서 맛의 특징이 또렷하게 발현되고, 풍미가 오래 남는 마들렌을 추구합니다. 그리고 무엇보다 축적된 기술을 활용해 균일한 상품을 생산해 내기 위해 노력하고 있습니다. 이번 장에서는 과자방의 시그니처 제품이기도 한 마들렌의 기술을 자세히 소개해 보도록 하겠습니다.

마들렌 기초 ②

마들렌에 대하여

마들렌의 기원과 역사

마들렌의 기원과 역사는 무려 18세기로 거슬러 올라갑니다. 당시 폴란드 왕이자 로렌 공국의 왕이었던 스타니슬라스 렉친스키가 프랑스 알자스 로렌 지방의 작은 마을인 코메르시를 방문하게 되었는데, 그를 위한 연회에서 마들렌이라는 소녀가 부드러운 쿠키 반죽을 조개껍데기에 넣고 구웠다고 합니다. 여러 가지 가설이 존재하므로 정확히 어떤 의미에서 조개 모양 틀에 과자를 굽게 되었는지는 알려진 바가 없습니다. 다만 코메르시에서는 오늘날까지도 마들렌이 특산물로 자리 잡고 있습니다.

움푹 파인 조개 모양 틀에 반죽을 넣고 구우면 겉반죽은 빠르게 굳어 껍질이 만들어지기 시작하고, 아직 익지 못한 속 반죽은 천천히 팽창되어 아름다운 곡선을 그리며 마들렌 배꼽을 만듭니다. 잘 구워진 마들렌은 바닥과 배꼽의 구움색이 모두 골드 브라운으로 균일하며 빵처럼 부드러운 식감을 가졌지만, 빵처럼 쫄깃하지는 않고 버터와 재료의 맛이 풍부하게 느껴지면서 입안에서 부드럽게 녹아 내립니다.

마들렌은 전 세계인의 사랑을 받는 과자입니다. 현대에 들어서는 다양한 재료와 기법으로 점점 더 맛과 모양이 다채로워지고 있습니다. 특히 마들렌의 풍부한 버터 맛을 제대로 느끼기 위해서는 향이 강하거나 맛이 강해 그 풍미를 해치지 않는 음료와 곁들이는 것이 좋습니다. 따뜻하거나 시원한 허브티, 또는 당분이 적은 커피와의 궁합이 좋아 오후의 출출함을 달래 줄 훌륭한 티푸드입니다.

한동안 빛을 보지 못하던 시절도 있었지만 이제 우리나라에서도 어느 제과점에서든 만날 수 있는 인기 제품이 되었습니다. 계절에 상관 없이 넓은 연령층에서 사랑받고 있으며, 상온에서의 보관성도 좋아 선물용으로도 각광받고 있습니다.

잘 만든
마들렌의 기준

잘 만들고 싶다면 식별하는 안목부터

마들렌을 잘 만들고 싶다면 기술을 익히기 전에 먼저 잘 만든 마들렌이 어떤 것인지를 알고 식별할 수 있어야 합니다. 잘 만들어진 마들렌과 그렇지 못한 마들렌을 비교하는 안목이 없다면 매대에 올리는 제품의 상태가 뒤죽박죽, 엉성할 수밖에 없습니다. 과자방의 마들렌 중 매대에 올리는 상품과 그렇지 못한 상품의 사진을 살펴 보고 잘 만든 마들렌을 알아볼 수 있는 눈을 키워 봅시다.

[매대에 올릴 수 있는 제품]

[매대에 올릴 수 없는 제품]

마들렌 기초 ④

훌륭한 마들렌을
만드는 최적의 공정

마들렌 기본 배합

재료	중량(g)
달걀	200
백설탕	200
꿀 또는 물엿	40
중력분	230
베이킹파우더	7
버터	200
분량	**20개**

초보자를 위한 마들렌 기본 레시피

6가지 필수 재료로 만드는 마들렌 기본 배합을 소개합니다. 변수를 최소화하고 마들렌이라는 과자를 잘 만들어 내는 것에 초점을 둔, 초보자를 위한 연습용 기본 레시피입니다. 가장 최소한의 재료로 만들기 때문에 앞으로 소개할 응용 마들렌을 만들기 전에 가벼운 마음으로 따라 해 볼 수 있도록 짠 기술 연마용입니다.

기본 레시피이므로 비교적 쉽게 구할 수 있는 중력분, 꿀 또는 물엿 등을 사용해 만들 수 있도록 구성했습니다. 이후에 나오는 레시피에서는 중력분이 아닌, 프랑스 밀가루 T55를 사용하고 당류는 트리몰린을 기본으로 합니다. 특별히 꿀의 향을 선호한다면 꿀을 써도 좋지만 천연 꿀은 가격이 비싼 편이기 때문에 꿀과 같은 역할을 하는 트리몰린 (전화당)을 사용했습니다. 트리몰린은 무색무취의 재료이기 때문에 다양한 제품에 활용하기 좋고 물엿으로 동량 대체도 가능합니다.

이 레시피를 따라 차근차근 만들다 보면 마들렌 만드는 공정을 숙지하게 되어 이후에 소개하는 다른 제품들도 어려움 없이 훌륭하게 만들어 낼 수 있을 것입니다. 이미 마들렌을 여러 차례 만들어 보았다면 굳이 이 레시피로 다시 만들어 볼 필요는 없으니 술술 읽고 넘어가도 괜찮습니다.

프랑스 밀가루 T55란?

프랑스 밀가루의 T는 회분율을 의미합니다. 밀을 제분하여 가루로 만든 뒤에 태우고 남은 불연성의 재를 회분이라 하는데 이 회분의 수치를 회분율이라 합니다. 예를 들어 10kg의 밀가루에서 회분이 50~55g이 나왔다면 T55로 분류합니다. 따라서 회분율이 높을수록 밀을 덜 도정하였다는 의미이며 그만큼 구수한 통밀의 맛을 느낄 수 있습니다. 보통 제과에서는 T45, T55, T65를 사용합니다.

강력분, 중력분, 박력분 vs 프랑스 밀가루 T55

한국과 프랑스의 밀가루는 종류를 구분하는 기준부터 다릅니다. 강력분, 중력분, 박력분은 단백질 함량(글루텐 함량)에 따라 밀가루를 분류한 것이지만 프랑스 밀가루는 회분율에 따라 분류합니다. 프랑스 밀가루를 단백질 함량으로 분류하면 중강력분에 해당하며 종류에 따른 단백질 함량은 대부분 큰 차이 없이 비슷한 편입니다.

왜 프랑스 밀가루를 사용하나요?

프랑스 밀이 가진 특징과 풍미로 인해 씹을수록 더욱 맛이 좋은 제품을 만들 수 있습니다. 글루텐을 어느 정도 함유하고 있어 박력분을 사용했을 때처럼 너무 가볍지 않고, 적당히 묵직한 식감을 가지게 됩니다. 이 무게감 있는 식감이 입안에 오래 머물면서 맛에 영향을 주는 재료들, 예를 들면 좋은 버터의 풍미와 같은 것들을 오래 느낄 수 있도록 합니다.

기본
공정 **①** ## 반죽하기

절대 실패하지 않는 반죽 만들기

모든 베이킹의 시작은 재료의 계량부터입니다. 정확한 계량은 베이킹의 기본이지요. 기본 레시피는 재료가 단 **6가지** 뿐이지만 응용 레시피의 경우 재료가 **10가지**, 혹은 그 이상으로 늘어납니다. 재료를 실수로 빠뜨리는 일이 생각보다 자주 일어나니 항상 주의를 기울여야 합니다.

1 달걀, 설탕, 토리몰린(또는 물엿)을 섞어 중탕하기

볼에 달걀, 설탕, 트리몰린을 넣고 거품기로 살살 저으면서 중탕물이 담긴 냄비 위에 올려 25℃로 온도를 올립니다. 달걀은 주로 냉장고에서 3~5℃ 정도로 차갑게 보관하기 때문에 반죽이 원활하게 섞일 수 있도록 달걀의 온도를 올려 주는 것입니다. 설탕을 녹이거나 거품기로 공기를 포집하는 단계가 아님을 인식하고 작업을 해야 합니다. 이때 기포가 생기면 원치 않는 식감의 제품이 될 수 있으므로 주의합니다. 달걀은 생각보다 쉽게 익어 덩어리가 생길 수 있으므로 자리를 비우지 말고 저어 가며 온도를 올려야 합니다.

2 가루류 섞기

마들렌의 볼륨과 식감을 결정하는 가장 중요한 단계입니다. 얼마만큼 믹싱하느냐에 따라 최종 결과물에 차이가 많이 생깁니다. 밀가루와 베이킹파우더를 함께 체 쳐 넣음과 동시에 덩어리지지 않도록 초반에 5번 정도 빠르게 섞습니다. 조금만 망설여도 밀가루와 달걀이 엉기면서 덩어리가 생기는데, 이때 생긴 덩어리는 반죽을 완성한 뒤에도 잘 풀리지 않아 체에 한 번 더 내려야 히기 때문에 번거롭게 됩니다. 또 제에 내리면 도구에 묻어나는 반죽으로 인해 손실량노 낳아집니다.

날가루가 보이지 않고 반죽을 떨어뜨렸을 때 한 가닥으로 균일하게 떨어지며 전체적으로 윤기가 나면 믹싱을 멈춥니다. 마들렌 20개 분량 기준으로 15~20번 정도 거품기로 큰 원을 그리며 골고루 섞는 것이 적절합니다. 섞

29

는 동안 바닥이나 가장자리에 가루가 붙어 뭉칠 수 있으니 거품기로 볼의 벽면과 바닥을 잘 긁어 주는 것이 좋습니다. 그래도 잘 섞이지 않는다면 중간중간 주걱으로 긁어 정리하며 섞습니다. 반죽의 양이 10개 분량, 혹은 그 이하일 경우에는 섞는 횟수를 줄이고 반죽의 윤기와 떨어지는 정도 등 상태를 확인해 가며 작업합니다. 과하게 섞으면 글루텐이 불필요하게 형성되어 다소 질깃한 식감의 마들렌이 될 수 있습니다.

가루류를 모두 섞은 다음에는 온도계를 사용해 반죽의 온도를 확인합니다. 주로 24~25℃를 유지하지만 혹시 가루류를 냉장 보관했다가 그대로 넣었거나 실내 온도가 너무 차가운 경우와 같이 변수가 생겼을 때는 반죽 온도가 낮을 수 있습니다. 만약 반죽의 온도가 낮다면 버터를 녹여 넣을 때 기준인 56~60℃보다 더 높은 62~65℃로 준비해 넣어야 합니다. 가루류를 냉장고 등에 차갑게 보관해 두었다면 사용하기 최소 1시간 전에는 실온에 꺼내 두는 것이 좋습니다.

3

버터 섞기

56~60℃로 녹인 버터를 한 번에 모두 넣고 빠르게 섞어 반죽의 최종 온도를 28~30℃로 맞춥니다. 버터를 넣은 뒤에는 유지가 글루텐 형성을 방해하므로 글루텐 형성을 걱정하지 말고 꼼꼼하게 잘 섞어 균일한 반죽 상태를 만듭니다. 볼 안쪽 벽면에 반죽이 차지게 달라붙고 전체적으로 윤기가 흐르면 버터가 잘 유화되었다는 것을 의미합니다.

주의할 점은 유화가 된 이후에도 지속적으로 불필요하게 섞기를 계속하면 결국은 글루텐이 과하게 형성되어 식감에 영향을 미칠 수 있다는 것입니다. 유화가 끝나면 주걱으로 볼의 가장자리와 바닥을 긁어 섞이지 않은 부분이 없도록 다시 한 번 섞은 뒤 마무리합니다.

냉장 휴지 관리

반죽을 잘 보관하는 방법

4

반죽 보관

반죽을 완성한 뒤에는 밀폐 용기에 옮겨 담고 랩을 밀착시켜 냉장고에서 휴지시킵니다. 반죽에 랩을 밀착시켜야 랩과 반죽 사이에 급격한 온도 변화가 생기면서 생성되는 물이 반죽 위로 떨어지거나 반죽의 일부분이 마르는 것을 방지할 수 있습니다. 냉장고에서 24시간 동안 휴지시키고 굽기 전, 반드시 한 번 섞은 뒤 사용해야 균일한 마들렌을 만들 수 있습니다

하지만 휴지 후 주걱으로 한 번 섞은 반죽은 섞은 딩일부디 다음날까지 총 이틀 안에 사용을 완료해야 합니다. 예를 들어 커다란 밀폐 용기에 약 4㎏(100개 분량)의 반죽을 담았다면 반죽을 섞은 첫날과 그 다음날, 100개 분량의 반죽을 모두 소진해야 합니다. 그래야 적절한 모양과 좋은 식감의 마들렌을 구울 수 있습니다. 이런 이유로 과자방에서는 다소 작은 사이즈의 밀폐 용기에 마들렌 반죽 약 800g(20개 분량)씩을 소분해 두고 사용합니다.

한번 완성한 반죽을 섞지 않고 그대로 냉장고에 보관한다면 5일 동안 사용할 수 있습니다. 만약 반죽을 냉동고에 보관한다면 베이킹파우더의 효능이 약해질 수 있고 반죽에 사용한 다른 재료 또한 냉동과 해동을 거치면서 세포막이 깨져 이수현상(수분이 빠져 나옴)이 나타날 수 있으니 꼭 냉장고에 보관해 사용하도록 합니다.

5

냉장 휴지

과자방에서는 마들렌 반죽을 완성하고 최소 12~24시간 동안 충분히 냉장 휴지를 시킨 후에 오븐에 굽는 것을 원칙으로 합니다. 냉장 휴지 과정을 거쳐야 밀가루에 수분이 골고루 스며들어 섞이고 안정적으로 균일한 모양을 내는 동시에 재료의 맛 또한 온전하게 나타나게 됩니다. 또한 매장의 작업성과 효율에 있어서도 냉장 휴지 과정이 있어야 반죽을 미리 만들어 두었다가 필요할 때마다 꺼내어 굽는 등 상황에 맞게 유동적으로 제품을 생산할 수 있습니다.

만약 1~5시간 정도 다소 짧은 시간 휴지를 시켰다면 24시간 동안 휴지시킨 반죽과 비교했을 때, 볼륨이 지나치게 크고 이로 인해 맛과 향이 가볍게 느껴지며 구조 또한 약해 입안에서 밀도가 높게 느껴지기보다는 부드럽게 부서집니다. 또 휴지시키지 않은 반죽을 사용할 경우에는 너무 묽은 상태이기 때문에 반죽이 틀 밖으로 쉽게 흘러내립니다. 따라서 평소 팬닝하는 양보다 적은 양을 팬닝할 수밖에 없어 조금이라도 휴지를 시킨 반죽에 비해 볼륨이 작습니다.

반죽을 완성하자마자 일회용 짤주머니에 담아 휴지시키기도 하는데, 그렇게 하면 반죽을 주걱으로 고르게 섞는 작업을 하기가 어렵습니다. 때문에 팬닝하기 직전에 냉장고에 보관하던 반죽 짤주머니를 꺼낸 뒤 반드시 손으로 주무르면서 고르게 섞어 주는 작업이 필요합니다. 소량이라면 크게 문제가 되지 않겠지만 대량 생산을 하는 과자점이라면 일회용 짤주머니를 지나치게 많이 사용하게 되므로 지속 가능한 방법을 찾는 것이 좋습니다.

냉장 휴지는 최종 제품에 제법 큰 영향을 줍니다. 반드시 휴지 시간을 여유 있게 확보하도록 합니다.

휴지시키지 않은 마들렌 반죽

휴지시킨 마들렌 반죽   휴지시키지 않은 마들렌 반죽

휴지시킨 마들렌 반죽

굽기

굽기가 8할, 잘 구워야 잘 나온다

6

몰드 준비

사용하기 전, 몰드에 녹인 버터를 아주 얇게 바릅니다. 조금만 과하게 발라도 버터가 끓어오르면서 마들렌이 들뜨고 그 들뜬 면이 덜 익어 구움색이 연하게 나는 현상이 발생합니다. 따라서 만약 버터를 너무 두껍게 많이 발랐다면 반드시 키친타월을 사용해 닦아내야 합니다. 버터 바르는 양을 조절하기 어려울 때는 버터를 녹이지 말고 상온의 부드러운 버터(포마드 상태)를 붓으로 살짝 찍어 펴 바르는 것도 방법입니다.

버터를 칠하는 첫 번째 이유는 예쁜 구움색과 신명한 무늬를 내기 위함이고, 두 번째는 마들렌 몰드가 상하지 않게 하려는 것입니다. 마지막으로 세 번째는 구운 마들렌이 몰드에서 잘 분리되도록 하기 위함입니다. 몰드에 바르는 버터는 달걀프라이를 하기 전 프라이팬에 기름을 두르는 것과 같은 코팅 역할을 합니다.

7

팬닝하기

휴지시킨 반죽을 한 번 골고루 섞어 균일한 상태로 만든 뒤에 짤주머니에 담습니다. 저울 위에 몰드를 올려 놓고 무게를 측정하며 반죽을 짜 넣습니다. 이처럼 팬이나 몰드에 반죽을 넣는 것을 '팬닝'이라 부릅니다. 마들렌은 모두 똑같은 무게로 팬닝해야 하는데 그 이유는 마들렌이 고온에서 짧은 시간 동안 구워내는 구움과자이기 때문입니다. 마들렌의 무게가 비슷해야 오븐에서 원하는 타이밍에 굽기를 마무리할 수 있습니다. 만약 팬닝한 반죽의 무게가 제각각 다르다면 굽는 시간이 완료되어 타이머가 울렸는데 어떤 마들렌은 디고, 어떤 마들렌은 아직 익지 않았고, 또 다른 마들렌은 익어 이제 꺼내야 하는 상황과 마주하게 될 것입니다.

또 반죽을 높은 곳에서 떨어드리듯이 팬닝하기보다는 바닥에 눌러 채우듯이 팬닝해야 예쁘고 선명한 마들렌 무늬와 모양을 만들 수 있습니다.

한편, 실리콘 마들렌 몰드는 가급적 모든 틀에 반죽을 채워야 몰드가 상하지 않습니다. 만약 틀보다 적은 개수의 마들렌을 구워야 한다면 빈 곳에 여분의 반죽을 얇게 펴 바른 뒤 굽도록 합니다.

잘못된 팬닝 방법

8

냉각하기

팬닝을 마친 마들렌 몰드는 그대로 그릴에 얹어 냉동고에 넣은 뒤 반죽 표면이 손에 묻어나지 않고 반죽의 온도가 2~5℃가 될 때까지 약 15분 동안 차갑게 식힙니다. 이처럼 마들렌을 굽기 전에 반죽을 냉각시키는 방법은 마들렌 배꼽을 보다 봉긋하게 만드는 핵심 기술입니다. 상온의 미지근한 반죽보다는 차가운 상태의 반죽을 뜨거운 오븐에 넣었을 때 더 극심한 온도차가 발생하여 볼륨감 있는 마들렌이 만들어집니다.

차가운 마들렌 반죽이 오븐에 들어가면 순간적으로 겉면이 익어 얇은 껍질을 형성하는데, 이때 형성된 껍질이 부푸는 것을 막습니다. 반면 내부의 반죽은 열이 아직 충분히 전달되지 않아 바깥쪽부터 천천히 익게 됩니다. 특히 오목한 마들렌 모양의 특성상, 가운데 깊은 부분은 열이 가장 늦게 전달되기 때문에 굽는 내내 반죽이 조금씩, 서서히 부풀어 오르게 됩니다. 이러한 원리로 가운데가 부풀어 통통한 배꼽이 형성되고 먹음직스러운 자태를 뽐내는 마들렌을 만들 수 있는 것입니다.

만약 냉각시키지 않은 상온의 반죽을 굽는다면 겉면과 중앙 부분이 모두 고르고 빠르게 구워져 통통한 배꼽을 만들기는 어렵습니다. 대신 덜 부풀어 오르는 만큼 밀도는 높아집니다. 따라서 원하는 식감에 따라 굽는 방식을 선택해도 좋습니다. 이 책에 소개하는 응용 마들렌 레시피들은 배합 자체에 이미 밀도를 높여 두었기 때문에 온도의 격차를 크게 주어 배꼽을 볼록하게 만들더라도 밀도 높은 식감과 진한 맛을 느낄 수 있습니다 .

9

예열하기

과자를 식히는 동안 컨벡션 오븐을 켜서 원하는 온도로 예열합니다. 특히 구움과자는 굽기 단계에서 많은 부분이 완성되기 때문에 오븐의 예열부터 신경을 써야 합니다. 제대로 예열이 되지 않은 오븐에 마들렌을 넣고 구우면 배꼽이 제대로 올라오지 않고, 구움색이 연하며, 원치 않는 식감과 예상 밖의 결과물을 만들어 냅니다. 디지털식 오븐을 사용해 현재 오븐 속의 온도를 정확하게 파악할 수 있다면 가장 좋지만 만약 그렇지 않은 경우라면 오븐 안쪽에 오븐 전용 온도계를 넣어 정확한 온도로 예열해 주세요.

10

굽기

온도 변화의 요소들을 차단하는 것이 핵심

냉동실에서 차갑게 식힌 마들렌을 꺼내어 상온의 그릴로 옮깁니다. 냉동실에 함께 넣어 두었던 그릴을 그대로 오븐에 넣으면 예열 온도가 많이 떨어져 굽는 데 영향을 끼치기 때문에 상온의 그릴로 꼭 옮겨 줍니다. 이처럼 최대한 온도에 변화를 줄 수 있는 요소들을 차단하는 것이 핵심입니다.

실리콘 재질의 몰드를 사용하는 경우, 오래 사용하다 보면 몰드가 점점 아래쪽으로 처지게 됩니다. 그러면 몰드를 따라 마들렌 반죽이 흘러내리거나 붕어빵처럼 틀 밖으로 퍼져 불필요한 테두리가 생기게 됩니다. 그렇다고 해서 매번 비싼 몰드를 새로 구매할 수는 없기 때문에 이를 해결하기 위해 틀이 처지지 않도록 몰드 아래쪽에 각봉(슬라이스 바)을 덧대어 줍니다. 또한 충분히 예열된 오븐에 몰드를 넣을 때는 오븐 내부 열이 많이 빠져나가지 않도록 오븐 문을 열고 몰드를 넣은 뒤 오븐 문을 다시 닫는 과정을 최대한 신속하게 진행해야 합니다.

우녹스 오븐으로 마들렌 굽기

실제 과자방에서 사용하는 마들렌 굽기 표

과자방에서 매일 아침 컨벡션 오븐에 마들렌을 구울 때 사용하는 표입니다. 아주 미세한 차이에도 마들렌의 식감과 모양이 크게 달라지므로, 이 표를 기준 삼아 각자 가지고 있는 오븐으로 예열 온도와 굽는 온도를 테스트해 보면 좋겠습니다. 이 표는 우녹스(UNOX) 컨벡션 오븐 기준이며 비슷한 출력과 바람 세기를 가진 에카(EKA) 컨벡션 오븐에도 적용할 수 있습니다.

마들렌 개수	예열 온도	굽는 온도	시간
20개	200℃	165~168℃	1분 → 2분(옆구리 살 확인) → 8분 → 2분
30개	205~210℃	170℃	1분 → 2분(옆구리 살 확인) → 8분 → 2분
40개	210℃	170℃	1분 → 2분(옆구리 살 확인) → 8분 → 2분
50개	220℃	170℃	2분 → 1분(옆구리 살 확인) → 8분 → 2~3분
60개	220℃	173℃	2분 → 1분(옆구리 살 확인) → 8분 → 2~3분
70개	240℃	173℃	2분 → 1분(옆구리 살 확인) → 8분 → 2~3분

예열하고 오븐 온도 조절하기

만약 앞의 표에 따라 마들렌 20개를 구워 낸다고 가정해 봅시다. 먼저 컨벡션 오븐을 200℃로 예열해야겠지요. 그 다음 냉동실에서 15분간 차갑게 식혀 표면 온도가 5℃로 낮아진 마들렌 반죽을 실온의 그릴로 옮기고 몰드가 처진 곳에는 각봉을 덧대어 줍니다. 5분 이상 200℃로 온도가 유지되고 있는 컨벡션 오븐의 문을 열고 마들렌 몰드를 얹은 그릴을 빠르고 정확하게 넣은 다음 열이 많이 빠져나가지 않도록 오븐 문을 재빨리 닫습니다. 이때 오븐 온도는 170~180℃로 훅 떨어졌다가 약 1분 정도 후에 다시 190℃로 빠르게 올라갑니다.

오븐 온도가 190℃로 올라온 것을 확인했다면 온도를 165~168℃로 낮춘 뒤 알람을 2분 맞추어 더 굽습니다. 하지만 여기서 만약 1분 안에 오븐 온도가 190℃까지 오르지 않았다면 오븐 설정 온도를 더 올려 190℃에 도달하는 것을 확인한 뒤 온도를 낮춥니다. 이 과정을 3분 안에 할 수 있도록 초기 예열 온도를 조절하는 것이 좋습니다. 가령 오븐이 작고 출력이 낮아서 마들렌을 넣었을 때 온도가 급격히 낮아질 경우에는 예열 온도를 200℃보다 10~20℃ 더 올려 보세요.

옆구리 살 확인하고 몰드 돌려 주기

자, 이제 마들렌을 총 3분 동안 구웠습니다. 이제 오븐 문을 열고 마들렌 몰드를 한 번 돌려 줄 것입니다. 하지만 돌리기 전에 먼저 확인할 것이 있습니다. 바로 마들렌의 '옆구리 살'입니다. 모든 마들렌은 구워지면서 옆면이 마치 귀여운 옆구리 살처럼 올라옵니다. 사람마다 옆구리 뱃살의 양과 모양이 모두 다르듯 반죽마다 이 옆구리 살이 올라오는 시점이 조금씩 다릅니다. 오븐의 종류와 출력에 따라서도 다를 수 있습니다. 넣은 재료가 비교적 가벼운 반죽이면 3분이 아닌, 2분 30초에 옆구리 살이 올라오기도 합니다. 2분 30초에 옆구리 살이 올라왔다면 30초를 더 기다리지 말고 팬을 돌려 주어야 마들렌의 최종 크기와 색감이 조금 더 멋지게 완성됩니다.

반대로 이것저것 묵직한 재료가 많이 들어가 되직한 반죽이라면 옆구리 살이 4분대에 나타나기도 합니다. 이걸 무시하고 3분이 지나 타이머가 울렸다고 몰드를 그냥 돌리면

옆구리 살

볼륨이 작고 색이 연한 마들렌이 될 수 있습니다. 일단 옆구리 살이 무엇을 말하는지 한 번 경험하게 되면 어떤 새로운 마들렌을 굽더라도 헤매는 시간 없이 통통하고 먹음직스 러운 색을 가진, 완성도 높은 마들렌을 구울 수 있을 것입니다.

몰드를 돌려 주는 이유는 무엇일까

몰드를 돌리는 이유는 2가지입니다. 첫째, 190℃로 올라간 오븐의 온도가 168℃로 쉽 사리 떨어지지 않기 때문에 오븐 문을 열어 원하는 온도로 빠르게 내려 주기 위해서입니 다. 둘째, 마들렌 배꼽을 정중앙에 위치시키기 위해서입니다. 그렇다면 마들렌 몰드를 돌 리지 않고 그대로 쭉 구우면 어떻게 될까요? 마들렌의 배꼽이 예쁘게 정 가운데에 위치 하지 않고 컨벡션 오븐의 바람을 따라 앞쪽이나 옆쪽으로 치우치게 됩니다.

오븐 문을 연 뒤에는 역시 오븐의 열이 많이 빠져나가지 않도록 빠르게 몰드를 돌린 뒤 다시 오븐 문을 닫습니다. 이때 각봉이 떨어질 수 있으니 조심스레 잡고 돌려야 합니다. 이 상태에서 다시 타이머를 조정해 8분을 맞추고 배꼽이 올라올 때까지 굽습니다. 중간 에 문을 열면 마들렌의 배꼽이 푹 꺼질 수 있으니 주의합니다.

한편, 몰드를 돌릴 때는 화상에 대비해 오븐 장갑을 끼고 팔 토시를 꼭 해야 합니다. 또는 긴팔을 입거나 조리복의 소매를 모두 내려 피부가 노출되지 않게 주의합니다.

배꼽 확인하고 2차 볼느 놀려 수기

8분이 지나 알람이 울리면 오븐 문을 열기 전에 마들렌의 배꼽이 다 익었는지 오븐 창을 통해 먼저 눈으로 확인합니다. 만약 아직 배꼽이 보글보글 일렁이며 수분감이 있는 상태 라면 오븐 문을 열지 않고 1~2분 추가로 더 굽습니다(굽기 표에 적혀 있지 않은 별개의 추가 시간). 대개 8분이 지나면 굽기의 막바지이기 때문에 오븐 문을 열어도 좋으나 가지 고 있는 오븐의 출력에 따라 1~2분 정도의 시간차가 있을 수 있습니다.

다시 오븐 장갑을 끼고 오븐 문을 열어 빠르게 마들렌 몰드의 앞뒤를 돌려 주고, 마들렌 의 모양이 거의 형성되었기 때문에 각봉도 빼줍니다. 대부분 오븐의 앞면과 뒷면의 열이 달라 구움색에 차이가 나기 때문에 마지막으로 돌려 주는 것입니다. 다시 오븐 문을 재빠 르게 닫은 뒤 2분간 더 굽습니다. 이때 오븐에서 뺀 각봉은 굉장히 뜨거우니 식힘망 위, 또는 손이 닿지 않는 오븐 밑에서 1시간가량 충분히 식혀야 합니다. 뜨거운 각봉을 맨손 으로 만져 화상을 입지 않도록 조심하는 것도 잊지 말아야 합니다.

드디어 맛있는 마늘렌늘 써낼 시간

미지막 2분이 지났음을 알리는 알람이 을리면 마들렌은 총 13분 구운 것입니다. 오븐에 서 완전히 꺼내기 전, 가장 높게 솟아 오른 배꼽 부분을 손가락으로 살짝 눌러 봅니다. 푹 꺼지지 않고 탄력감 있게 다시 튀어 오르면 다 익은 것입니다. 아직 촉촉하다거나 움푹 늘어간 채로 탄력감이 느껴지지 않으면 오븐 온도가 약했던 것이니 오븐 온도를 10℃ 정 도 더 올려 배꼽이 다 익을 때까지 2분 이내로 조금 더 구워 줍니다.

드디어 맛있게 익은 마늘렌늘 써낼 시간입니나. 오븐에서 그릴과 마들렌 몰드를 끼니 작 업대 위에 올리고 스페튤러와 같은 도구를 사용해 마들렌을 살짝 들어 올려 김을 뺍니다. 이때 뜨거운 마들렌은 매우 약하므로 세게 만지지 않도록 합니다.

스메그 오븐으로 마들렌 굽기

예열하고 오븐 온도 세심하게 조절

클래스와 작은 카페에서 많이 사용하는 스메그(SMEG) 오븐의 실사용 굽기 온도를 추가로 제공합니다. 우녹스 오븐과는 출력과 바람 세기가 달라 우녹스 오븐으로 구웠을 때와 똑같은 모양으로 구워지지는 않지만, 충분히 훌륭한 마들렌을 만들 수 있습니다. 스메그 오븐은 가동할 때 소음이 거의 없다는 장점이 있어 카페를 운영하는 시간에도 사용하기 좋습니다. 30개 이하의 소량을 구울 때 활용할 것을 추천합니다.

아래 표와 내용은 실제로 과자방 초창기 마들렌 클래스에서 교육했던 내용입니다.

마들렌 개수	예열 온도	굽는 온도	시간
20개	235℃	170℃	1분 → 4분(옆구리 살 확인) → 7분 → 1~2분
30개	245℃	170℃	1분 → 4분(옆구리 살 확인) → 7분 → 1~2분

반죽을 팬닝한 뒤 냉동고에서 냉각한 20개 분량의 마들렌 몰드를 실온의 그릴로 옮기고 각봉을 덧대어 줍니다. 오븐의 온도가 235℃에 도달한 뒤 10분간 같은 온도로 충분히 예열된 스메그 오븐의 문을 열어 재빨리 마들렌 몰드를 넣은 다음 오븐 문을 닫고 1분간 굽습니다. 맞춰 둔 타이머가 울리면 오븐 설정 온도를 170℃로 내립니다. 오븐의 설정 온도를 내렸지만 내부 온도는 아직 한참 더 높아 180℃대 고온에서 천천히 구워지게 될 것입니다. 이 상태로 타이머를 4분 맞추고 굽습니다. (**팁▶** 스메그 전자식 오븐 기준, 170℃로 오븐 온도를 떨어뜨리기 위해서는 이 단계에서 오븐의 전원을 껐다가 바로 다시 전원을 켜 170℃로 온도를 설정한 뒤 예열 버튼을 눌러 오븐을 가동시킵니다. 이때 바로 예열 버튼을 눌러 오븐 모터가 멈추지 않도록 해야 합니다) 이렇게 4분 동안 구우면 그 사이 오븐 온도는 굽는 온도인 170℃에 도달합니다.

익힌 상태를 확인하는 것이 진정한 기술

자, 이제 마들렌을 총 5분 동안 구웠습니다. 역시 이번에도 마찬가지로 오븐 장갑과 팔토시를 착용한 채 오븐 문을 열어 마들렌 몰드의 앞뒤를 돌려 줍니다. 대부분 이쯤이면 마들렌의 옆구리 살이 볼록 올라온 상태이나, 되직한 반죽을 굽는다면 옆구리 살이 조금 더 올라오도록 돌리기 전에 1분을 추가로 굽습니다. 팬을 돌리고 나서는 마들렌을 7분 동안 더 굽습니다. 7분이 지나 알람이 울리면 마들렌을 총 12분 동안 구운 것입니다.

오븐 문을 열기 전에 오븐 창을 통해 마들렌의 배꼽 부분이 일렁이는지, 다 부풀어 올랐는지 확인합니다. 오븐 장갑을 착용하고 오븐 문을 열어 몰드의 앞뒤를 돌린 뒤 구움색이 고르게 나도록 1~2분간 더 굽습니다. 알람이 또 울리면 모든 굽기가 종료된 것입니다. 오븐 문을 열고 마들렌을 꺼내기 전, 배꼽 부분을 손으로 만져 충분히 탄력이 있는지 확인합니다. 손으로 살짝 눌렀을 때 손에 묻어나는 것 없이 살짝 들어갔다가 다시 튀어 오르면 다 익은 것입니다. 같은 회사의 오븐이라고 해도 사용하는 장소의 전력에 따라 출력이 다를 수 있기 때문에 익힌 상태를 확인하는 것이 진정한 기술이라 할 수 있습니다. 만약 덜 익은 상태에서 굽기를 끝낸다면 마들렌이 서서히 주저앉기 시작할 것입니다.

11 식히기

막 구워져 나온 마들렌은 사방으로 수증기와 열을 뿜어 냅니다. 오븐 장갑을 끼고 오븐에서 갓 나와 뜨거운 마들렌을 비스듬히 들어 올려 몰드 위에 살짝 얹어 둡니다. 마들렌이 식으면서 몰드 바닥 안쪽에 수증기가 맺히지 않도록 하기 위해서입니다. 마들렌을 다른 곳으로 옮기지 말고 몰드에 둔 채 천천히 식히는 것을 원칙으로 합니다. 뜨거울 때 그릴이나 식힘망으로 옮기면 약한 상태의 마들렌이 쉽게 찌그러지거나 그릴 자국이 진하게 남아 없어지지 않습니다. 또 모든 면이 공기와 맞닿으면서 수분이 사방으로 증발해 버려 다소 건조한 상태로 완성될 수 있습니다. 따라서 구웠던 몰드에 그대로 두고 서서히 온도를 떨어뜨리며 자연스럽게 식을 수 있도록 합니다.

보관

마들렌은 언제, 어떻게 먹는 것이 좋을까?

시간이 지날수록 깊어지는 풍미

오븐에서 갓 나온 뜨거운 빵은 너무도 부드럽고 맛있지요. 하지만 오븐에서 갓 나온 과자
도 그럴까요? 아쉽게도 갓 구운 과자는 달걀의 맛과 향이 너무 도드라져 '이게 대체 무슨
맛인가' 싶을 정도로 맛있게 느껴지지가 않습니다. 구움과자의 매력은 시간이 지날수록
깊어지는 풍미에 있습니다. 상온에서 3시간 정도 완벽하게 식힌 마들렌을 밀폐 용기에
담거나 식품 종이에 포장해 외부 공기로부터 차단시킨 상태에서 다음날 먹는 것이 당일
에 갓 구운 마들렌을 먹는 것보다 훨씬 맛이 좋습니다. 따뜻한 마들렌은 식감이 지나치게
가볍고 그만큼 잘 부서지며 다른 재료들의 풍미보다 달걀 향이 강하게 느껴집니다. 하지
만 포장하거나 밀폐 용기에 담아 두면 과자가 가지고 있는 본연의 수분이 속부터 겉까지
고르게 퍼지면서 파운드케이크처럼 전체적으로 일체감이 생겨 묵직하면서도 촉촉한 식
감을 느낄 수 있습니다. 특히 좋은 버터를 사용할수록 깊고 진한 풍미를 온전히 느낄 수
있으며 다른 재료와의 조화 또한 제대로 맛볼 수 있습니다.

상온에서 4일, 냉동 보관은 2주

마들렌은 우리가 생활하는 보통의 실온에 보관하는 것이 가장 좋습니다. 약 18~25℃ 정
도, 시원하게 느껴지는 온도입니다. 혹시라도 무더운 여름철에 들고 오래 이동하여 마들
렌이 높은 온도에 장시간 노출되었다면 냉장고에 30분 정도 넣어 두었다가 다시 실온에
꺼내 5~10분 정도 찬기가 빠진 상태에서 먹는 것이 가장 좋습니다. 온도가 높은 마들렌
을 입안에 넣으면 마들렌 속 지방 성분이 먼저 느껴져서 자칫 기름지다고 느낄 수 있습니
다. 반면 너무 차가운 상태의 마들렌은 각종 재료의 풍미가 잘 느껴지지 않습니다.
구움 과자는 사계절 내내 맛있게 먹을 수 있다는 장점이 있습니다. 특히 마들렌은 촉촉할
수록 맛있기 때문에 습도가 높은 여름철에도 온도만 잘 맞추면 맛있게 먹을 수 있습니다.
오히려 늦가을이나 겨울과 같이 너무 건조한 날씨를 경계해야 합니다. 건조한 날에는 과
자가 쉽게 노화될 수 있기 때문입니다. 바로 먹지 않을 경우에는 반드시 밀폐가 되는 용
기에 담아 마들렌의 수분이 최대한 보존된 상태로 맛있게 즐기시길 바랍니다.

마들렌은 상온 보관할 경우 4일 안에, 냉동 보관할 경우 2주 안에 먹는 것이 좋습니다. 버터 함량이 높은 과자이기 때문에 냉동해 두었다가 먹어도 제품에 변화가 거의 없습니다. 하지만 과자 속 설탕이 흡습성을 가지고 있어 주변의 냄새를 잘 흡수하므로 냉동고에 보관할 때는 반드시 지퍼백이나 밀폐 용기 등에 넣어 2중으로 포장하는 것이 바람직합니다. 몇몇 손님들에 의하면 밀봉한 마들렌을 냉동실에 넣어 두고 잊었다가 2달 만에 발견해 먹었는데 너무 맛있었다는 후기도 있었습니다만, 각자 가지고 있는 냉동고의 성능과 상황이 저마다 다를 수 있기 때문에 2주 내에 소비하는 것이 좋습니다. 만약 마음이 급해 냉동 상태의 마들렌을 전자레인지에 넣어 해동한다면 마들렌이 급속하게 따뜻해지면서 지방 성분이 녹아 겉으로 배어 나오고 마들렌 속에 갇혀 있던 수분 또한 순간적으로 뿜어져 나오면서 전체적으로 축축한 식감이 도드라지게 됩니다. 따라서 전자레인지를 사용해 해동하는 방법은 권장하지 않습니다. 반드시 상온에서 1~2시간 정도 충분히 해동해 주세요.

과자방 레시피

마들렌 시그니처 레시피

이즈니 발효 버터

이즈니 버터는 프랑스 노르망디 이즈니 지역에서 생산된 버터를 일컫습니다. 다른 버터들에 비해 치즈와 같이 풍미가 강렬하며 그 여운이 오래 남습니다. 다른 재료들을 뚫고 나올 정도로 존재감이 뚜렷해 마들렌에서도 빛을 발하는 고급 버터입니다.

바닐라 설탕

바닐라 빈 깍지를 오븐에서 바짝 말린 뒤 갈아 설탕과 섞은 다음 3일간 숙성하면 은은한 바닐라 향의 수제 바닐라 설탕이 완성됩니다. 물론 시판되는 바닐라 빈파우더도 있습니다. 수제로 만들 때는 바닐라 빈 깍지만을 사용하지만, 시중에서 판매하는 바닐라 빈파우더는 바닐라 빈 깍지뿐만 아니라 바닐라 빈 씨도 함께 갈아 가공해 향과 풍미가 훨씬 진하며 그만큼 가격대도 높습니다. 따라서 바닐라의 맛과 향이 중요한 제품에는 시판되는 바닐라 빈파우더를, 은은한 바닐라 풍미를 내고 싶다면 수제 바닐라파우더를 만들어 사용하는 것이 좋습니다.

디종 아몬드

당도와 향이 좋은 프랑스산 고품질 살구 씨앗으로 만든 리큐어로 아몬드 향을 느낄 수 있습니다. 제품에 견과류의 풍미를 보강하고 싶을 때 첨가하면 효과적입니다.

마들렌 레시피
✿ 클래식

이즈니 클래식 마들렌

이즈니 클래식은 과자방에서 가장 긴 시간 동안 굳건히 자리를 지키고 있는 마들렌입니다. 클래식이라는 이름에 걸맞게 오랫동안 사랑받을 만한 과자방의 상징과 같은 마들렌을 만들고 싶었습니다. 그래서 좋은 버터를 사용해 깔끔하면서도 담백한 맛을 내는 데 주안점을 두었습니다. 재료가 심플해 마치 하얀 도화지처럼 다소 심심하게 느껴질 수도 있지만 버터의 깊은 풍미가 돋보이는 매력적인 제품입니다. 가장 처음 구성했던 레시피에는 노른자를 넣지 않았는데 마들렌이 조금 더 입안에 오래 남도록 묵직했으면 해서 후에 노른자를 더했습니다. 노른자가 들어가는 레시피의 경우 설탕과 만나면 쉽게 덩어리지기 때문에 달걀 전란과 설탕을 먼저 골고루 섞은 다음 노른자를 섞어야 덩어리지지 않는다는 점에 유의하세요.

20개 분량

A 바닐라 설탕

바닐라 빈 깍지	적당량
설탕	2kg

B 이즈니 클래식 마들렌

달걀	165g
트리몰린	58g
A(바닐라 설탕)	171g
노른자	16g
프랑스 밀가루 T55	188g
아몬드파우더	33g
베이킹파우더	7.3g
소금	3.9g
이즈니 발효 버터	188g
바닐라 에센스	3g
▶ 프로바 바닐프로 200	
디종 아몬드	3g

A 바닐라 설탕

1 80~90℃로 예열한 오븐에 바닐라 빈 깍지를 넣고 10~15분 동안 구운 뒤 오븐 문을 살짝 열고 1시간 동안 방치해 바삭거릴 때까지 말립니다.

2 푸드프로세서에 넣고 갈아 파우더 형태로 만든 뒤, 체에 걸러 고운 가루만 남깁니다.
팁▶ 만든 뒤에는 향이 날아가지 않도록 밀폐 용기에 넣어 보관합니다.

3 설탕 2kg에 2의 바닐라파우더 8g을 넣고 골고루 섞은 뒤 밀폐 용기에 넣어 3일간 숙성시킵니다.

B 이즈니 클래식 마들렌

4 믹서볼에 달걀, 트리몰린, A(바닐라 설탕)를 넣고 거품기로 잘 섞은
뒤 노른자를 넣고 섞습니다.

5 중탕으로 25℃까지 온도를 올립니다.

6 함께 체 친 프랑스 밀가루 T55, 아몬드파우더, 베이킹파우더,
소금을 넣고 거품기로 넣어지시지 않도록 5번 정도 빠르게
섞습니다.

7 날가루가 사라지면 15~18번 더 믹싱하고 반죽의 온도가
24~25℃인지 확인합니다.

8 57℃로 녹인 이즈니 발효 버터를 넣고 거품기로 볼 벽에 반죽이
묻어날 때까지 세차게 믹싱입니다.

9 볼 벽에 반죽이 착 붙을 정도로 유화가 잘 되었다면 바닐라
에센스와 디종 아몬드를 넣고 한 번 더 섞은 뒤 주걱으로 볼의
바닥과 벽을 긁어 전체적으로 균일한 상태가 되도록 섞습니다.

10 밀폐 용기에 담아 랩을 밀착시킨 후 냉장고에서 24시간 동안
휴지시킵니다.

11 반죽을 꺼내어 주걱으로 잘 섞은 뒤 짤주머니에 담습니다.

12 버터(분량 외)를 칠한 몰드에 40g씩 파 넣고 냉동고에서 15분가
차갑게 식힙니다.

13 200℃로 예열한 오븐에서 1분 동안 굽다가 165~168℃로 온도를
낮추어 12분 동안 더 굽습니다. `p.35 참고`
[1분 → 2분(여구리 살 확인 후 몰드 앞뒤 돌려 주기) → 8분(몰드
앞뒤 돌려 주기) → 2분]

14 오븐에서 꺼내자마자 스패튤러로 마들렌을 실찍 들어 올려 몰드에
비스듬하게 얹고 완전히 식힙니다.

마들렌 레시피

✿ 이즈니 클래식 마들렌 응용

프루트 마들렌

파운드케이크 중에서 가장 좋아하는 것이 과일 파운드케이크입니다.
한 입, 한 입 먹을 때마다 각각 다른 과일들이 씹혀서 파운드케이크
하나를 다 먹을 때까지 다채로운 맛을 느낄 수 있는 것이 큰
매력이지요. 어떠한 건조 과일을 사용하고 무엇과 블랜딩하여
얼마만큼 절이느냐에 따라 나만의 특색 있는 제품을 만들 수 있다는
것도 흥미롭습니다. 과일 파운드케이크에 영감을 받아 만든 프루트
마들렌은 무엇보다 은은하게 뿜어져 나오는 럼 향이 매력적입니다.
소리 과정에서 알코올은 모두 날리지만 글라세, 과일 절임 등에 럼을
듬뿍 넣어 그 좋은 향만큼은 가득 머금도록 했습니다. 매년 과일
절임에 변주를 주어 색다른 맛을 낼 수 있고 이즈니 클래식 마들렌
반죽을 그대로 사용할 수 있다는 점에서도 활용도가 매우 높습니다.
많이 달지 않고 풍부한 맛과 향으로 40대 이상 고객에게 인기가
많으며 과자방에서 중요시하는 맛의 레이어(layer)도 잘 표현해 주는
마들렌이라 할 수 있습니다.

좀 더 알아보기

설타나

설타나는 포도 품종 중 하나로, 씨가 없고
알이 작으며 독특한 맛이 있는 황금색 포도
입니다. 터키, 그리스의 크레타섬, 이란 등
이 원산지이나 미국에 이식되면서 '톰슨 시
드리스'라는 이름으로 캘리포니아 대부분의
지역에서 재배되고 있습니다. 그대로 먹기
도 하지만 건포도 형태로 가공되어 전세계
에서 판매되어 특히 제과제빵에 많이 활용
되고 있습니다.

A 과일 절임 [약 100개 분량]

크랜베리	500g
설타나	800g
타트체리	550g
건살구	550g
오렌지 필	600g
설탕	240g
아니스파우더	3g
정향파우더	1.5g
다크 럼	350g
레드 와인	120g
쿠앵트로	80g
바닐라 빈	3개

B 이즈니 클래식 마들렌 반죽

이즈니 클래식 마들렌 20개 분량

(p.46 참고)

C 프루트 마들렌

B(이즈니 클래식 마들렌 반죽)	760g
A(과일 절임)	140g
아몬드 슬라이스	적당량

D 프루트 글라세

분당	180g
오렌지즙	22g
럼	22g
▶ 네그리타 오리지널 44%	

A 과일 절임

1 끓는 물(분량 외)에 크랜베리, 설타나, 타트체리, 건살구를 각각 1분 정도 데쳐서 불순물을 제거합니다.

2 데친 타트체리와 건살구를 가위로 설타나와 비슷한 크기로 자른 뒤 오렌지 필을 넣습니다.

3 냄비에 설탕, 아니스파우더, 정향파우더, 다크 럼을 넣고 설탕이 녹을 정도로만 데운 뒤 준비한 과일에 부어 줍니다.

4 레드 와인, 쿠앵트로, 바닐라 빈의 씨와 깍지를 넣고 잘 섞은 뒤 2달간 냉장 숙성시킵니다.

팁▶ 처음 3일 동안은 매일 액체와 과일이 잘 섞일 수 있도록 섞어 주고 이후에는 7일에 한 번씩 꺼내어 섞어 줍니다.

B 이즈니 클래식 마들렌 반죽

5 p.46 이즈니 클래식 마들렌을 참고해 이즈니 클래식 마들렌 반죽을 만든 뒤 휴지시킵니다.

C 프루드 마들렌

6 B(이즈니 클래식 마들렌 반죽) 760g에 A(과일 절임) 140g을 넣어 골고루 섞어 줍니다.

7 버터(분량 외)를 칠한 몰드에 45g씩 짜 넣고 아몬드 슬라이스를 얹어 냉동고에서 16분간 차갑게 식힙니다.

8 200℃로 예열한 오븐에서 1분 동안 굽다가 165~168℃로 온도를 낮추어 13분 정도 더 굽습니다. `p.35 참고`

[1분 → 2~3분(옆구리 살 확인 후 몰드 앞뒤 돌려 주기) → 8분(몰드 앞뒤 돌려 주기) → 2~3분]

팁▶ 패닝양이 많고 과일 절임이 들어가 수분이 있는 편이므로, 3분 내에 마들렌 옆구리 살이 충분히 생성되지 않습니다. 1분을 추기로 구우면서 지켜봐 마들렌의 옆구리 살이 확실히 올라오는지 확인한 뒤에 오븐 문을 열어 몰드의 앞뒤를 돌려 줍니다.

9 오븐에서 꺼내자마자 스패튤러로 마들렌을 살짝 들어 올려 몰드에 비스듬하게 얹어 두고 완전히 식힙니다.

D 프루트 글라세

10 모든 재료를 섞어 글라세를 만듭니다.

마무리

11 마들렌의 조개 모양 쪽에 붓으로 D(프루트 글라세)를 얇게 바른 뒤 베이킹 시트를 깐 베이킹팬 위에 놓습니다.

12 글라세기 마르기 전에 A(과일 절임)를 4조각 정도씩 붙입니다.

팁▶ 과일 절임에 글라세를 살짝 넣어 버무린 뒤에 붙여 주면 흘러내리거나 떨어지지 않고 잘 붙어 있습니다.

13 125℃ 오븐에서 3분 동안 구운 뒤 식힙니다.

마들렌 레시피

🔸 이즈니 클래식 마들렌 응용

애플망고 마들렌

맛도 모양도 애플망고를 쏙 빼닮은 마들렌입니다. 글라세와
콩피튀르(잼)로 당도를 높이고 애플망고의 맛과 향을 더하기 때문에
플레인한 이즈니 클래식 마들렌 반죽을 활용했습니다. 애플망고를
넣은 콩피튀르와 망고 퓌레를 넣은 망고 글라세로 망고의 노란색은
자연스럽게 표현했지만 애플망고 특유의 붉은색을 내기 위해 긴
시간 고심한 끝에 비트 파우더를 뿌려 이를 해결했습니다. 메뉴의
이름과 시각적인 모습까지 일치시켜 더욱 만족스러운 제품입니다.

좀 더 알아보기

비트파우더

천연 색소로 많이 사용하는 비트로 만든 파
우더입니다. 글라세를 바르고 비트파우더
를 가볍게 뿌린 뒤 오븐에서 말리듯이 구우
면 비트파우더의 색이 퍼져 마치 애플망고
껍질 같은 자연스러움이 연출됩니다. 이 밖
에도 시트를 만들 때 윗면에 뿌려서 색을
내거나 식용 색소 대신 사용하기도 합니다.

아미느펙틴

감귤류와 사과에서 추출한 펙틴을 가공한
무색무취 식품첨가물입니다. 펙틴을 넣어
만드는 충선툴 등은 상온에서도 그 형태를 유
지할 정도로 안정적이고 냉동 보관을 해도
탄력을 유지합니다. 제과에서는 주로 설탕
과 섞어 응고제 역할을 하거나 수분을 잡는
등의 식감 개선을 위해 사용합니다.

A 이즈니 클래식 마들렌

이즈니 클래식 마들렌 20개
(p.46 참고)

B 애플망고 콩피튀르(개당 10g)

┌ 망고 퓌레	109g
애플망고(냉동)	59g
패션프루트 퓌레	50g
바닐라 빈	2g
설탕A	40g
설탕B	40g
└ 아미드펙틴	2g

C 애플망고 글라세

┌ 분당	329g
망고 퓌레	86g
패션프루트 퓌레	27g
└ 물	14g

마무리

비트파우더	적당량

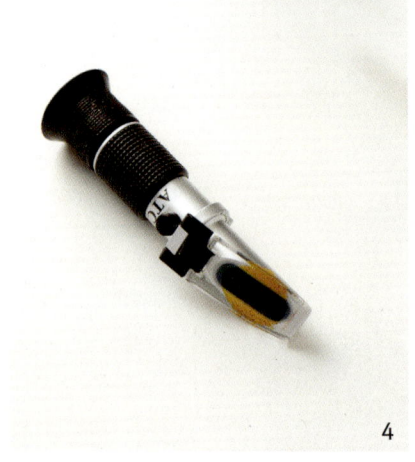

A 이즈니 클래식 마들렌

1 p.46을 참고해 이즈니 클래식 마들렌을 만듭니다.

B 애플망고 콩피튀르

2 냄비에 망고 퓌레, 애플망고, 패션프루트 퓌레, 바닐라 빈의 씨, 설탕A를 넣고 가열해
50℃까지 데웁니다.

3 설탕B와 아미드펙틴을 잘 섞은 뒤 2에 넣어 섞고 핸드블렌더로 간 다음 끓입니다.
팁▶ 잘 섞지 않으면 덩어리가 질 수 있으니 주의합니다.

4 얼음물에 떨어뜨려 보았을 때 물방울 모양으로 되직하게 떨어질 때까지(50Brix)
졸이듯이 끓입니다.
팁▶ 굴절식 당도계로 당도를 잴 때는 당도계로 형광등을 보면서 눈금을 확인하면
더 잘 보입니다.

5 실온의 온도로 식힌 뒤 트레이에 옮겨 담고 랩을 밀착시켜 냉장고에 보관합니다.

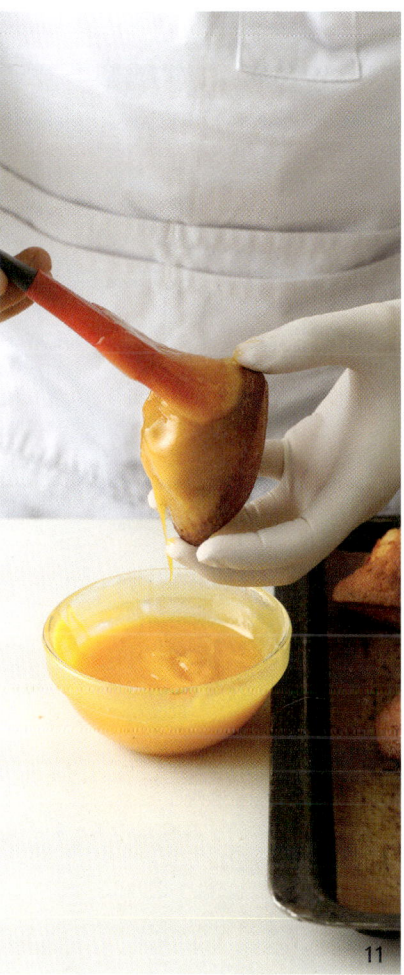

C 애플망고 글라세

6 볼에 체 친 분당을 담습니다.

7 망고 퓌레와 패션프루트 퓌레를 분당에 넣고 거품기로 덩어리 없이
   잘 섞은 뒤 물을 넣으며 되기를 맞춥니다.

8 밀폐 용기에 덤아 냉장고에 보관합니다.

마무리

9 엄지손가락으로 A(이즈니 클래식 마들렌)의 배꼽 중앙을 살짝 눌러
   구멍을 냅니다.

10 짤주머니에 B(애플망고 콩피튀르)를 담아 9의 구멍에 10~12g씩
   넣습니다.

11 배꼽이 있는 면에 C(애플망고 글라세)를 바릅니다.

12 비트파우더를 뿌려 125℃ 오븐에서 3분 동안 구운 뒤 식힙니다.

마들렌 레시피

🌼 클래식

레몬 글라세
마들렌

전통 마들렌의 대명사인 레몬 마들렌입니다. 레몬 마들렌은 레몬의
상큼하고 시원한 향이 잘 전달되어야 한다고 생각해 레몬의 껍질과
과즙을 모두 사용했습니다. 냉동 레몬 제스트를 적절히 사용하면
효율적이겠지만 생과일에서만 얻을 수 있는 특유의 감칠맛을 그대로
담을 수 없기 때문에 수작업을 고집합니다. 과자방의 레몬 글라세
마들렌은 매장에서 생산량이 가장 많은 마들렌입니다. 그만큼
많은 사랑을 받는 비법이 있다면 사용하는 레몬의 품질과 사용량이
아닐까 합니다. 특히 제주산 레몬이 나는 늦가을에서 초봄까지는
레몬 향이 달큼하고 풍부하기 때문에 제스트를 듬뿍 넣으면 더욱
맛이 좋습니다. 설탕을 아래에 두고 위에서 제스터로 레몬 껍질을
갈면 자연스레 뿜어져 나오는 레몬의 시트러스 오일까지 설탕에
모두 흡수되어 레몬을 너욱 알차게 활용할 수 있습니다. 레몬
껍질을 사용한 뒤에는 즙을 짜내고 체에 걸러 냉장고에 보관합니다.
이 레몬즙을 분당과 섞어 레몬 글라세를 만들고 마들렌에 발라
완성합니다. 넣는 제스트의 양이 워낙 많은 편이라, 즙을 모두
소진하지 못하는 경우가 대부분입니다. 그래서 제스트를 낸
다음 레몬을 슬라이스해 매장에서 판매 중인 각종 에이드 음료에
장식으로 올리거나 레몬즙을 활용한 음료도 만들고 있습니다.

좀 더 알아보기

제주 레몬

주로 10월경부터 이듬해 봄까지 만날 수
있습니다. 수확 시즌인 늦가을에는 레몬이
푸른빛을 띠는데, 이를 사용하면 라임과 비
슷하면서도 청량하고 푸릇한 향기가 더해
져서 더욱 매력적입니다. 체수산 레몬은 과
즙도 풍부하고 신맛가 더불어 달큼한 감칠
맛, 계절을 담은 향기를 가득 머금고 있습
니다. 수입산 레몬은 제주산보다는 향미가
적은 편이기 때문에 제스트의 양을 1.1배
정도 추가해 완성하는 것이 좋습니다.

A 레몬 설탕

┌ 레몬 제스트　　　　10g
└ 설탕　　　　　　　148g

B 레몬 마들렌

┌ 달걀　　　　　　　195g
│ 트리몰린　　　　　65g
│ 베이킹파우더　　　9g
│ 소금　　　　　　　2g
│ 프랑스 밀가루 T55　192g
│ 아몬드파우더　　　22g
└ 발효 버터　　　　　195g

C 레몬 글라세

┌ 분당　　　　　　　300g
│ 레몬즙　　　　　　60g
└ 물　　　　　　　　12g

A 레몬 설탕

1 레몬을 깨끗하게 세척한 뒤 키친타월로 닦아 물기를 없앱니다.

2 볼에 설탕을 넣고 그 위에서 제스터로 레몬 껍질을 갈아 시트러스 오일과 함께 담아냅니다.

3 설탕과 제스트를 잘 버무린 뒤 밀폐 용기에 담고 24시간 동안 숙성시켜 레몬의 향을 최대로
　　추출합니다.

B 레몬 마들렌

4 믹서볼에 A(레몬 설탕), 달걀, 트리몰린을 넣고 덩어리지지 않게 잘 섞은 뒤 중탕으로
　　25℃까지 온도를 올립니다.

5 함께 체 친 베이킹파우더, 소금, 프랑스 밀가루 T55, 아몬드파우더를 넣고 거품기로 덩어리지지 않도록 약 5~7번 섞어 줍니다.

6 날가루가 사라지면 15~20번 더 믹싱하고 반죽의 온도가 24~25℃인지 확인합니다.

7 57℃로 녹인 발효 버터를 넣고 거품기로 볼 벽에 반죽이 붙어닐 때까지 빠르게 믹싱합니다.

8 주걱으로 볼 벽과 바닥을 긁어 전체적으로 균일한 상태가 되도록 섞습니다.

9 밀폐 용기에 담아 랩을 밀착시킨 후 24시간 동안 냉장고에서 휴지시킵니다.

10 반죽을 끼내어 주걱으로 잘 섞은 뒤 짤주머니에 담습니다.

11 버터(분량 외)를 칠한 몰드에 40g씩 짜 넣고 냉동고에서 15분간 차갑게 식힙니다.

12 200℃로 예열한 오븐에서 1분 동안 굽다가 165~168℃로 온도를 낮추어 12분 동안 더 굽습니다. **p.35 참고**

[1분 → 2분(옆구리 살 확인 후 볼드 앞뒤 놀려 수기) → 8분(몰드 앞뒤 돌려 주기) → 2분]

13 오븐에서 꺼내자마자 스패튤러로 마들렌을 살짝 들어 올려 몰드에 비스듬하게 얹고 완전히 식힙니다.

C 레몬 글라세

14 볼에 체 친 분당을 넣고 레몬즙, 물을 넣어 농도를 맞춥니다.

마무리

15 B(레몬 마들렌)의 겉면에 붓으로 C(레몬 글라세)를 골고루 발라 테프론 시트를 깐 베이킹팬에 놓습니다.

16 125℃ 오븐에서 3분 동안 굽고 1시간가량 식힙니다.

17 조개 모양 쪽에 가라앉은 여분의 글라세를 칼로 긁어 정리합니다.

팁▶ 글라세를 바른 뒤 5분 이상 굽지 않고 방치하면 색이 탁해집니다. 바른 즉시 오븐에 구워야 반짝이고 투명한 글라세를 얻을 수 있습니다. 남은 글라세는 냉장고에 넣어 2일 정도 더 사용할 수 있습니다.

마들렌 응용 레시피

🌸 시그니처 레시피 ‖ 견과류

에스프레소 잔두야
마들렌

헤이즐넛이 커피가 아닌 견과류라는 사실, 알고 계셨나요? 이미
알고 계셨다면 전문가로 인정합니다. 의외로 꽤 많은 사람들이
"헤이즐넛이 커피 맛인가요?"라는 질문을 하고 실제 매장에서도
헤이즐넛이 가득 올라간 제품을 커피 맛 제품으로 아는 손님들이
많습니다. 그도 그럴 것이 카페에서 커피에 넣는 헤이즐넛 시럽이
더 익숙해 자연스레 헤이즐넛이라고 하면 커피를 연상하는 것
같습니다. 그래서 만들게 된 마들렌입니다. 대중적으로 사랑받고
많은 사람들이 기대하는 맛을 선보이고자 고민하다가 떠올리게
된 조합입니다. 맛을 겹겹이 쌓아 풍부하게 만들기 위해 특별한
공정을 거친 버터와 헤이즐넛파우더를 넣어 반죽을 만들었습니다.
전체적인 향은 에스프레소로 잡고 깊고 진한 헤이즐넛 풍미는
헤이즐넛 맛이 나는 초콜릿이 잔두야를 활용했습니다. 마지막으로
구운 헤이즐넛을 토핑으로 듬뿍 올려 입안에서 헤이즐넛이 팡팡
터지도록 구성했습니다. 이색한 식감와 글라세와 두툼하게 씹히는
견과류, 달콤한 헤이즐넛 향의 초콜릿이 어우러져 아주 사랑스러운
마들렌입니다. 손님들이 위에 올린 견과류가 무엇인지 물어볼
때마다 헤이즐넛이라고 이야기하면 괜스레 헤이즐넛 전도사가 된 것
같은 기분입니다.

좀 더 알아보기

잔두야

잔두야는 일반적으로 헤이즐넛과 다크
초콜릿을 섞은 것을 말합니다. 이탈리아
'페레로(Ferrero)'에서 생산하는 누텔라
(nutella)가 바로 헤이즐넛과 초콜릿을 섞은
대표적인 스프레드 형식의 잔두야입니다. 또
페레로 로셰라는 초콜릿 제품 가운데에 들
어 있는 달콤하고 맛있는 필링도 잘 알려져
있지요. 헤이즐넛 외에도 아몬드, 피칸 등
다른 견과류를 활용해 만들 수도 있습니다.

발로나 아젤리아 35%

프랑스의 초콜릿 회사 발로나(Valrhona)
에서 판매하는 밀크초콜릿입니다. 구운 헤
이즐넛과 우유의 풍미가 느껴지는 제품으
로 은은한 견과류의 맛과 향이 나 특히 초
콜릿과 견과류를 조합한 제품을 만들 때 활
용하면 좋습니다.

20개 분량

A 뵈르 누아제트

발효 버터   190g

B 토핑용 헤이즐넛

헤이즐넛   적당량

C 에스프레소 잔두야 마들렌

┌ 밀크초콜릿   92g
│   ▶ 발로나 아젤리아 35%
│ 트리몰린   56g
│ 마스코바도   32g
│ 황설탕   130g
│ 달걀   174g
│ 베이킹파우더   6.4g
│ 소금   4g
│ 프랑스 밀가루 T55   174g
│ 헤이즐넛파우더   36g
└ 디종 아몬드   6g

A 뵈르 누아제트 `p.124 참고`

1 냄비에 발효 버터를 넣고 180℃까지 태워 고소한 향이 나는 뵈르 누아제트를 만든 뒤 얼음물을 받쳐 60℃까지 식힙니다.

B 토핑용 헤이즐넛

2 베이킹팬에 헤이즐넛을 펼쳐 넣고 160℃ 오븐에서 15분 동안 구운 뒤 식힙니다.

3 비닐에 넣고 밀대를 사용해 ½정도 크기로 부숴 준비합니다.

팁▶ 견과류는 구운 후부터 향이 서서히 날아가므로 소량씩 구워 사용하는 것이 좋습니다. 밀폐 용기에 습기 제거제와 함께 넣고 직사광선을 피해 서늘한 곳에 보관합니다.

C 에스프레소 잔두야 마들렌

4 밀크초콜릿을 4등분한 정도의 크기로 다져 준비합니다.

팁▶ 칼로 다져도 되고 믹서에 갈아도 되지만 믹서에 갈 경우에는 각별한 주의가 필요합니다. 초콜릿은 조금만 열을 받아도 금세 녹고 열과 힘을 가하면 뭉치는 성질이 있기 때문에 믹서에 넣고 소금씩 끊어가며 갈아야 합니다. 또 믹서에 한꺼번에 많은 양을 넣고 갈며, 칼날이 닿는 부분만 가루처럼 부숴지고 칼날이 닿지 않는 부분은 그대로 남아 있게 되므로 가급적 믹서에는 소량만 넣고 갈거나, 칼로 다져 사용하는 것이 좋습니다. 반드시 아젤리아를 사용할 필요는 없으며, 원하는 밀크초콜릿으로 동량 대체할 수 있습니다.

5 볼에 트리몰린, 바스코바도, 횡셜딩, 달걀을 넣고 덩어리지지 않게 잘 섞으면서 중탕으로 25℃까지 온도를 올립니다.

6 함께 체 친 베이킹파우더, 소금, 프랑스 밀가루 T55, 헤이즐넛파우더를 넣고 덩어리지지 않도록 거품기로 5~7번 정도 빠르게 섞어 줍니다.

7 날가루가 사라지면 30~35번 더 섞어 주고 반죽의 온도가 24~25℃인지 확인합니다.

팁▶ 지방 함량이 높은 헤이즐넛파우더와 초콜릿을 넣기 때문에 조금 더 섞어 반죽에 힘을 가해야 탄탄 있는 마들렌을 만들 수 있습니다.

8 57℃의 △(비르 누아제트)를 넣고 거품기로 볼 벽에 반죽이 묻어날 때까지 세치게 섞어 줍니다.

9 볼 벽에 반죽이 착 붙을 정도로 유화가 잘 되었다면 디종 아몬드를 넣고 한 번 더 균일한 상태가 되도록 섞습니다.

팁▶ 디종 아몬드는 그 향이 반죽에 고스란히 남아 있을 수 있도록 조금의 열도 가하지 말고 마지막에 넣습니다.

D 에스프레소 글라세

┌ 분당	330g
│ 에스프레소	63g
└ 커피 농축액	9g

10

13-1

13-2

13-3

10 다진 밀크초콜릿을 넣고 주걱으로 가볍게 섞어 반죽에 초콜릿이 고루 섞이도록 합니다.

11 밀폐 용기에 담아 랩을 밀착시킨 후 24시간 동안 냉장고에서 휴지시킵니다.

12 반죽을 꺼내어 주걱으로 잘 섞은 뒤 짤주머니에 담습니다.

13 버터(분량 외)를 칠한 몰드에 42g씩 짜 넣고 B(토핑용 헤이즐넛)를 올려 냉동고에서 15분간 차갑게 식힙니다.

15

16

17-1

17-2

14 200℃로 예열한 오븐에서 1분 동안 굽다가 165~168℃로 온도를 낮추어 약 14분 정도 더 굽습니다. `p.35 참고`

[1분 → 3분~3분30초(옆구리 살 확인 후 몰드 앞뒤 돌려 주기) → 8분(몰드 앞뒤 돌려 주기) → 2~4분]

팁▶ 반죽이 되직하고 팬닝양이 조금 더 많은 편이기 때문에 4분~4분 30초 후, 마들렌 옆구리 살이 확인되면 미들렌 몰드의 앞뒤를 돌려 줍니다. 최종 굽기를 완료하기 전에도 익은 징도를 확인하고, 완전히 익을 때까지 2분 정도 더 굽습니다.

15 오븐에서 꺼내자마자 스패튤러로 마들렌을 살짝 들어 올려 몰드에 비스듬하게 얹고 완전히 식힙니다.

D 에스프레소 글라세

16 체 친 분당과 에스프레소, 커피 농축액을 섞습니다.

팁▶ 글라세는 커피 향이 날아가기 때문에 바르기 직전, 필요한 만큼만 만들어 사용하고 남은 것은 다시 사용하지 않도록 합니다.

마무리

17 마들렌의 소개 모양 쪽에 D(에스프레소 글라세)를 두툼하게 바른 뒤 베이킹팬에 놓습니다.

18 125℃ 오븐에서 3분 동안 구운 뒤 식힙니다.

좀 더 알아보기

마들렌 응용 레시피

✿ 시그니처 레시피 ‖ 곡류

흑서리태 마들렌

어릴 때 어머니께서 꿀을 가득 넣어 타 주셨던 검은콩 흑임자 미숫가루에서 착안한 마들렌입니다. 미숫가루 특유의 구수하고 고소한 맛을 좋아해 마들렌으로 그 맛을 재현하고 싶었습니다. 그때 그 시절 미숫가루 맛을 구현하기 위해 검은깨와 서리태를 함께 갈아 만든 미숫가루(흑서리태파우더)를 반죽에 넣고, 미숫가루를 다시 한 번 곱게 갈아 페이스트 형태로 만든 뒤 초콜릿을 더해 필링을 만들었습니다. 또 우유를 섞은 미숫가루 느낌을 내기 위해 반죽에 화이트초콜릿을 활용하고, 우유 풍미가 가득한 리큐어와 꿀을 사용하여 가나슈를 만든 뒤 마들렌에 얇게 발랐습니다. 전체적으로 당도가 과하게 느껴지지 않도록 필링으로 사용하는 초콜릿 크림은 당도를 많이 낮추고 구수함을 더해 균형을 맞추었습니다. 여기에 소금을 살짝 더해 고소함과 감칠맛을 배가시켜 맛을 한층 더 풍부하게 했습니다.

보쥬 밀크

우유 맛을 느낄 수 있는 리큐어로, 칵테일에 우유 대신 활용할 수 있는 달콤한 술입니다. 유제품은 상온에 몇 시간만 방치돼도 미생물이 빠르게 번식하기 때문에 사용에 각별히 유의해야 하는 반면, 보쥬 밀크는 당과 알코올을 함유하고 있어 상온 보관이 용이합니다. 따라서 실온에 보관하는 과자에 활용하기 좋습니다.

검은깨

흑임자라고도 부르며 볶아서 사용합니다. 볶은 깨를 갈고 난 뒤에는 고소함이 날아갈 수 있어 최대한 필요한 만큼만 갈아 바로 사용하고 남은 것은 반드시 밀폐 용기에 담은 뒤 냉장 보관해 2주 이내에 소비하도록 합니다. 쉽게 산패되므로 장시간 공기에 노출되지 않도록 주의합니다.

A 흑서리태파우더

볶은 서리태	56g
볶은 검은깨	96g
소금	3.2g

B 흑서리태 페이스트

볶은 서리태	28g
볶은 검은깨	48g
소금	1.6g

C 흑서리태 가나슈 (40개 분량)

동물성 휘핑크림	160g
트리몰린	10g
화이트초콜릿	116g
B(흑서리태 페이스트)	76g
발효 버터	80g

D 보쥬 밀크 가나슈

화이트초콜릿	160g
동물성 휘핑크림	92g
보쥬 밀크	10g
꿀	16g

흑서리태파우더 & 페이스트

콩 입자가 깨보다 크기 때문에 콩을 먼저 갈아 가루로 만들고, 깨는 따로 간 다음 두 가지 재료를 다시 합치고 소금을 넣어서 약간 뭉쳐질 때까지 한 번 더 갈아 줍니다. 이렇게 하면 검은깨와 서리태의 고소함이 극대화되고 소금이 감칠맛을 더해 줍니다. 흑서리태파우더를 콘칭기에 조금씩 넣으며 곱게 갈아 흑서리태 페이스트를 만듭니다. 한꺼번에 넣으면 기계가 멈출 수 있으니 반드시 조금씩 흘려 넣습니다.
흑서리태파우더는 마들렌 반죽과 토핑으로 사용하고, 흑서리태 페이스트는 초콜릿을 더해 필링용 가나슈를 만듭니다.
파우더와 페이스트는 모두 깨를 넣었기 때문에 산패하기 쉽고, 향이 많이 날아가므로 밀폐 용기에 넣고 냉장고에서 2주일 안에 빠르게 소진하는 것이 좋습니다.

A 흑서리태파우더

1 푸드프로세서에 볶은 서리태를 넣고 가루가 될 때까지 갈아 줍니다.
2 다른 푸드프로세서에 볶은 검은깨를 넣고 가루가 될 때까지 갑니다.
3 2에 1을 넣고 약간 뭉쳐질 때까지 한 번 더 간 다음 소금을 넣고 한 번 더 갈아 줍니다.

B 흑서리태 페이스트 p. 237 참고

4 A(흑서리태파우더)를 참고해 파우더를 만든 뒤 콘칭기에 조금씩 넣으며 갈아 고운 페이스트 형태로 만듭니다.
  팁▶ 양이 너무 적으면 갈기 어려우므로 레시피의 3배 분량으로 만드는 것이 좋습니다.

C 흑서리태 가나슈

5 냄비에 동물성 휘핑크림, 트리몰린을 넣고 70℃까지 데웁니다.
6 계량컵에 화이트초콜릿을 넣고 40℃로 녹인 다음 5를 3번에 나누어 넣으며 거품기로 섞어 유화시킵니다.
7 볼에 B(흑서리태 페이스트)를 넣고 6의 가나슈를 3번에 나누어 넣으며 섞습니다.
  팁▶ 완성 온도는 45~48℃가 적절하며 만약 온도가 이보다 더 떨어졌다면 전자레인지 또는 중탕으로 온도를 맞추어 줍니다.

8 큐브 모양으로 썬 실온의 발효 버터를 넣고 핸드블렌더로 갈아 섞습니다.

팁▶ 용기의 바닥, 모서리 등은 잘 섞이지 않을 수 있으니 중간중간 주걱으로 볼의 벽과 바닥을 긁어 꼼꼼히 섞어 줍니다. 가나슈의 적성 완성 온도는 35~40℃이며 이보다 온도가 더 낮을 경우 버터가 굳어 초콜릿 필링과 제대로 섞이지 않아 식감이 좋지 않을 수 있습니다. 이때는 온도를 살짝 올린 뒤 다시 갈면 해결할 수 있습니다. 만약 더 높은 온도로 완성될 경우에는 버터가 바로 녹아 버려 부드럽게 녹아내리는 버터의 특성을 잃어버리게 되고 가나슈가 단단해져 되돌릴 수 없습니다.

9 트레이에 담아 랩을 밀착시킨 다음 냉장고에서 12시간 동안 휴지시킵니다.

팁▶ 버터가 많이 들어가기 때문에 풍미가 좋고 크리미한 가나슈입니다. 버터가 많이 들어가는 만큼 핸드블렌더를 활용해 유화 공정과 완성 온도에 주의를 기울여야 합니다.

D 보쥬 밀크 가나슈

10 볼에 화이트초콜릿을 넣어 40℃로 녹입니다.

11 냄비에 동물성 휘핑크림을 넣고 50℃로 데운 뒤 보쥬 밀크를 넣어 섞습니다.

12 10에 11을 3번에 나누어 넣으며 유화시킵니다.

13 온도가 30℃ 이하로 내려가면 꿀을 넣고 섞어 줍니다.

팁▶ 꿀은 30℃ 이상 가열하면 맛과 향이 변질되고 영양소가 파괴될 수 있으므로 온도를 확인한 뒤에 첨가하도록 합니다.

14 밀폐 용기에 담아 랩을 밀착시킨 후 냉장고에서 48시간 동안 휴지시킵니다.

팁▶ 보통의 가나슈보다 묽은 타입입니다. 만들고 난 뒤 이틀 동안 숙성시켜야 사용하기 적당한 되기가 됩니다. 이틀이 걸리는 이유는 초콜릿이 완전히 안정화되려면 최소 24시간이 필요한데 꿀까지 굳으려면 이보다 시간이 더 필요합니다. 충분히 굳혀야 상온에서도 농도가 되직하며 안정적입니다.

E 흑서리태 마들렌

트리몰린	21g
황설탕	70g
흑설탕	77g
달걀	208g
베이킹파우더	9g
소금	4g
프랑스 밀가루 T55	120g
A(흑서리태파우더)	70g
발효 버터	186g
화이트초콜릿	74g

16

18

19

E 흑서리태 마들렌

15 볼에 트리몰린, 황설탕, 흑설탕, 달걀을 넣고 거품기로 덩어리지지 않게 잘 섞으면서
중탕으로 23℃까지 온도를 올립니다.

16 함께 체 친 베이킹파우더, 소금, 프랑스 밀가루 T55와 A(흑서리태파우더)를 넣고
덩어리지지 않도록 7번 정도 빠르게 섞어 줍니다.

17 날가루가 사라지면 30번 정도 더 섞어 주고 반죽의 온도가 23℃인지 확인합니다.

팁▶ 다른 반죽에 비해 섞는 횟수가 많은 이유는 밀가루 함량은 낮은 데 비해 단백질과 지방
함량이 높은 깨와 콩이 들어가기 때문입니다. 부재료가 많이 들어간 만큼 많이 섞어야 반죽에
글루텐이 생성되어 마들렌의 배꼽이 잘 형성됩니다.

18 냄비에 발효 버터를 넣고 70℃로 녹인 뒤 불에서 내려 화이트초콜릿을 넣고 녹여 57℃로
만듭니다.

팁▶ 냄비에 버터와 초콜릿을 함께 넣고 녹이면 초콜릿이 타 버립니다. 따라서 버터를 먼저
70℃로 녹인 뒤 불에서 내리고 화이트초콜릿을 넣어 버터의 온도로 완전히 녹입니다. 만약 온도가
많이 떨어졌다면 가장 약한 불에 올려 바닥을 꼼꼼히 저어 가며 온도를 올려 줍니다.

19 반죽에 18을 넣고 볼 벽에 반죽이 묻어날 때까지 세차게 섞어 줍니다.

23

24

26

27

28-1

28-2

20 볼 벽에 반죽이 착 붙을 정도로 유화가 잘 되었다면 주걱으로 바닥과 볼 벽을 긁어 전체적으로 균일한 상태가 되도록 섞어 줍니다.

21 밀폐 용기에 담아 랩을 밀착시킨 후 24시간 동안 냉장고에서 휴지시킵니다.

22 반죽을 꺼내어 주걱으로 잘 섞은 뒤 짤주머니에 담습니다.

23 버터(분량 외)를 칠한 몰드에 40g씩 짜 넣고 냉동고에서 15분간 차갑게 식힙니다.

24 200℃로 예열한 오븐에서 1분 동안 굽다가 165~168℃로 온도를 낮추어 12분 동안 더 굽습니다. `p 35 참고`
[1분 → 2분(옆구리 살 확인 후 뵐느 앞뒤 돌려 주기) → 8분(골드 앞뒤 돌려 주기) → 2분]

25 오븐에서 꺼내자마자 스패튤러로 마들렌을 살짝 들어 올려 몰드에 비스듬히 얹고 완전히 식힙니다.

마무리

26 E(흑서리태 마들렌)의 조개 모양 쪽에 C(흑서리태 가나슈)를 10g 짜 넣습니다.

27 흑서리태 가나슈를 넣은 구멍을 가리듯이 D(보쥬 밀크 가나슈)를 바릅니다.

28 남은 A(흑서리태파우더)를 꼼꼼히 묻혀 완성합니다.

마들렌 응용 레시피

🌸 **시그니처 레시피 ∥ 초콜릿**

발로나 초콜릿
마들렌

초콜릿을 워낙 좋아해 맛있는 초콜릿 제품을 향한 탐구를 끊임없이
하는 편입니다. 달콤하면서도 마들렌 하나를 다 먹을 때까지 물리지
않아야 하며, 달기만 하지 않고 무언가 특색이 있는, 이른바 '한끗'이
있는 초콜릿 마들렌을 만들고 싶었습니다. 이번 레시피에서 사용한
가나슈에는 발로나의 다크초콜릿 만자리와 블론드 초콜릿 둘세를
사용했습니다. 이 마들렌을 만들 때 강조하고 싶었던 것이 초콜릿의
쓴맛과 신맛이었습니다. 이 두 가지 맛이 초콜릿을 한층 더 고급스럽게
느껴지게 하므로 최대한 그 특징을 부각시키고 싶었습니다. 만자리의
산미, 둘세의 부드러운 캐러멜 풍미를 합하여 다각노도 맛있는
가나슈를 만들었고 여기에 카카오 닙을 토핑으로 올려 카카오가 가지고
있는 아로마 중에서도 가장 강한 쓴맛을 경험할 수 있도록 했습니다.
초콜릿 함량이 높아 원가가 높은 편이지만, 사계절 내내 쇼케이스에
자리잡을 정도로 많은 사랑을 받는 디저트입니다.

좀 더 알아보기

발로나 만자리 64%
프랑스의 초콜릿 회사 발로나(Valrhona)
에서 생산하며 그중에서도 원산지의 특성
을 가득 담고 있는 '그랑 크루 드 테루아'라
인의 카카오 함량 64%인 다크초콜릿입니
다. 마다가스카르에서 생산된 카카오 빈으
로 만들며 베리류 과실의 산미를 느낄 수
있습니다. 다량의 초콜릿을 사용해 자칫 너
무 무겁게 느껴지는 듯한 제품에 활용하면
산뜻한 느낌으로 포인트를 줄 수 있습니다.

발로나 둘세 35%
발로나(Valrhona)에서 생산하는 블론드
초콜릿입니다. 화이트초콜릿도 밀크초콜릿
도 아닌, 베이지색으로 화이트초콜릿의 누
룽지 같은 버전입니다. 실제로 화이트초콜
릿을 너무 오래 데운 실수를 통해 만들어지
게 되었으며 화이트초콜릿 속의 단백질 성
분이 캐러멜 반응을 일으켜 달콤한 캐러멜
맛이 입혀진 제품입니다. 짭짤한 버터, 비
스킷, 부드러우면서도 응축된 캐러멜 맛을
느낄 수 있습니다.

A 가나슈 (40개 분량)

⎡ 발로나 만자리 64%	166g
발로나 둘세 35%	78g
동물성 휘핑크림	182g
트리몰린	30g
⎣ 발효 버터	30g

B 초콜릿 마들렌

⎡ 트리몰린	24g
흑설탕	77g
설탕	77g
달걀	218g
베이킹파우더	10g
소금	2g
프랑스 밀가루 T55	121g
코코아파우더	24g
발효 버터	194g
⎣ 다크초콜릿	77g

2-1

2-2

3

4

A 가나슈

1 PC 볼에 2종류의 초콜릿을 넣고 전자레인지에서 약 45℃가 될 때까지 짧게 끊어 가며 녹입니다.

2 동물성 휘핑크림과 트리몰린을 60℃로 데운 뒤 녹여 둔 초콜릿에 3번에 나누어 넣으며 거품기로 유화시킵니다.

3 핸드블렌더로 곱게 갈아 다시 한 번 유화시키고 온도를 38~40℃로 맞춥니다.

   팁▶ 온도가 뜨겁다면 식히고 온도가 낮으면 전자레인지나 중탕으로 온도를 올립니다.

4 큐브 모양으로 썰어 실온에 보관한 20~22℃의 발효 버터를 넣고 핸드블렌더로 섞어 줍니다.

   팁▶ 중간중간 가장자리나 바닥에 섞이지 않은 부분이 없도록 주걱으로 긁어 가며 섞습니다. 만약 버터가 너무 차갑다면 전자레인지를 5~10초씩 끊어 가며 작동시켜 부드러운 상태로 만듭니다. 다만 녹으면 가나슈에 사용할 수 없으니 녹지 않게 주의합니다. 최종 완성된 가나슈의 온도는 35~40℃ 사이가 이상적입니다. 더 낮은 온도로 완성되면 버터가 굳기 시작하면서 덩어리질 수 있습니다. 이때 온도를 살짝 올린 뒤 다시 한 번 핸드블렌더로 꼼꼼히 갈면 해결할 수 있습니다. 만약 더 높은 온도로 완성되었다면 버터가 녹아 버려 입안에서 부드럽게 녹아내리는 특성을 잃게 되고 가나슈가 단단해져 되돌릴 수 없습니다.

5 밀폐 용기에 담아 랩을 밀착시킨 후 냉장고에서 12시간 동안 휴지시킵니다.

   팁▶ 마들렌에 넣기 2시간 전에 상온에 꺼내 두었다가 사용합니다. 그 외에는 냉장고에 보관합니다.

B 초콜릿 마들렌

6 볼에 트리몰린, 흑설탕, 설탕, 달걀을 넣고 거품기로 덩어리지지
않게 잘 섞으면서 중탕으로 23℃까지 온도를 올립니다.

7 함께 체 친 베이킹파우더, 소금, 프랑스 밀가루 T55,
코코아파우더를 넣고 거품기로 덩어리지지 않도록 5~7번 빠르게
섞어 줍니다.

8 날가루가 사라지면 반죽에 윤기가 나고 부드럽게 떨어질 때까지
15~20번 더 섞어 주고 반죽의 온도가 24~25℃인지 확인합니다.
팁▶ 초콜릿을 넣는 반죽은 과하게 믹싱하면 굽고 나서 수축하는
경우가 생깁니다. 따라서 반죽이 균일한 상태가 되면 믹싱을 멈추도록
합니다.

9 발효 버터와 다크초콜릿을 57℃로 녹여 반죽에 넣고 거품기로 볼
벽에 반죽이 묻어날 때까지 세차게 섞어 줍니다.
팁▶ 냄비에 버터와 초콜릿을 함께 넣고 녹이면 초콜릿이 타 버립니다.
따라서 버터를 먼저 70℃로 녹인 뒤 불에서 내리고 초콜릿을 넣어
버터의 온도로 완전히 녹여 줍니다. 만약 온도가 많이 떨어졌다면 가장
약한 불에 올려 바닥을 꼼꼼히 저어 가며 온도를 올려 줍니다.

10 볼 벽에 반죽이 착 붙을 정도로 유화가 잘 되었다면 주걱으로 볼의
바닥과 벽을 긁어 전체적으로 균일한 상태가 되도록 섞습니다.

11 밀폐 용기에 담아 랩을 밀착시킨 후 냉장고에서 24시간 동안
휴지시킵니다.

12 반죽을 꺼내어 주걱으로 살 섞은 뒤 짤주머니에 담습니다.

13 버터(분량 외)를 칠한 몰드에 40g씩 짜 넣고 냉동고에서 15분간
차갑게 식힙니다.

14 200℃로 예열한 오븐에서 1분 동안 굽다가 165~168℃로 온도를
낮추어 12분 정도 더 굽습니다. p.35 참고
[1분 → 1분30초(옆구리 살 확인 후 몰드 앞뒤 돌려 주기) →
8분(몰드 앞뒤 돌려 주기) → 2분]
팁▶ 밀가루의 양을 줄이고 코코아파우더를 많이 함유해 반죽이 가벼운
편입니다. 따라서 마들렌의 옆구리 살이 조금 더 빠르게 올라 올 수
있으므로 오븐 앞에서 2분 30초부터 잘 지켜보다가 몰드의 앞뒤를
돌려 주어 적절한 시기를 놓치지 않도록 합니다.

15 오븐에서 꺼내자마자 스패튤러로 마들렌을 살짝 들어 올려 몰드에
비스듬하게 얹고 완전히 식힙니다.

재료

마무리

┌ 다크초콜릿   적당량
└ 카카오 닙   적당량

마무리

16 B(초콜릿 마들렌)의 배꼽 부분을 손가락으로 살짝 눌러 구멍을 낸 뒤 A(가나슈)를 10~12g씩 짜 넣습니다.

   팁▶ 가나슈가 손의 열에 의해 녹지 않도록 목장갑 등을 착용합니다. 이때 가나슈가 녹으면 마들렌 안에서 다시 굳으면서 식감이 좋지 않게 됩니다.

17 다크초콜릿을 템퍼링합니다(55℃ → 24~25℃ → 30℃). **p.78 참고**

18 마들렌의 배꼽 부분을 템퍼링한 다크초콜릿에 담근 뒤 들어 올려 여분의 초콜릿을 털어 냅니다.

19 초콜릿이 굳기 전에 카카오 닙 적당량을 뿌려 붙이고 20분 정도 완전히 굳힙니다.

초콜릿 템퍼링

템퍼링은 커버추어 초콜릿의 온도를 조절하여 광택감을 내고 입안에서 녹는 식감을 좋게 만드는 제과의 중요 기술 중 하나입니다. 커버추어 초콜릿이란 초콜릿을 이루는 구성 요소 중 카카오버터 함유량이 최소 31% 이상인 제품을 뜻하며 식물성 지방을 함유하지 않는 고품질의 초콜릿입니다. 초콜릿은 상온에서 고체 상태이지만 어떠한 과정을 거쳤느냐에 따라 초콜릿의 식감과 겉모습이 달라집니다. 템퍼링 과정을 거친 초콜릿은 오독오독 씹히는 경쾌한 식감과 광택을 가지며 만졌을 때 손에 잘 묻어나지 않아 손으로 집어 먹기에도 편리하고 포장과 보관성이 우수합니다. 또한 초콜릿에 견고한 힘이 생기기 때문에 초콜릿 사이에 필링을 넣어도 필링이 온전한 상태로 유지된다는 장점이 있습니다. 봉봉 초콜릿이 그 예입니다.

만약 템퍼링을 하지 않고 단순히 초콜릿을 녹여 사용하게 되면 원하는 상태로 굳기까지 오랜 시간이 소요되며 결국 제대로 굳지 않아 여기저기에 묻어나기 쉽습니다. 실온에 오래 두어 운 좋게 굳었다고 해도 '팻 블룸(fat bloom)' 현상이 일어날 확률이 높습니다. 팻 블룸이란, 녹인 초콜릿 내의 카카오버터가 균일하게 굳지 않아 지방 형태로 둥둥 떠다니다가 초콜릿이 굳은 뒤 표면으로 올라온 현상을 말합니다. 팻 블룸이 일어난 초콜릿은 갈색의 초콜릿 위에 하얀색의 기름 층이 선명하게 보이며 광택감이 적거나 없습니다. 또 다른 실패 사례 중에 '슈거 블룸(sugar bloom)'이 있습니다. 초콜릿을 빠르게 굳히기 위해 냉장고에 넣었다가 실온에 꺼내면 그 온도차로 인해 표면에 물이 맺히게 됩니다. 이 물이 초콜릿 속의 설탕 성분을 녹여 표면으로 올리는데 이를 슈거 블룸이라 합니다. 두 가지 모두 고품질의 초콜릿을 템퍼링하지 않고 녹여 사용할 때, 또는 초콜릿을 제대로 보관하지 못했을 때 마주하게 되는 현상입니다.

템퍼링은 다크, 밀크, 화이트, 블론드 초콜릿 등 모든 초콜릿에 적용할 수 있으며 각 초콜릿의 포장지에 적정 템퍼링 온도가 적혀 있으므로 그 온도에 맞추어 작업하도록 합니다.

팻 블룸

슈거 블룸

초콜릿 템퍼링 방법

다크초콜릿은 55℃로 녹인 뒤 25~27℃로 온도를 낮추고 다시 30~31℃로 온도를 올려
사용하는 것이 보편적인 템퍼링 방법입니다. 이때 주의할 점은 25~27℃로 온도를 떨어뜨릴 때
시간을 충분히 들여 초콜릿의 일부를 결정화시키고 되직한 상태로 만들어야 한다는 것입니다.
이 과정을 통해 초콜릿 속의 카카오버터가 안정된 형태로 결정화가 되기 때문에 초콜릿의
광택과 경도, 상온에서의 보존성과 입안에서 부드럽게 녹는 식감 등이 결정됩니다.
밀크초콜릿은 45~50℃, 화이트초콜릿은 45℃로 녹인 뒤 온도를 떨어뜨리며 밀크초콜릿의
최종 사용 온도는 30℃, 화이트초콜릿의 사용 온도는 29℃로 맞춰야 합니다.
과자방에서 자주 사용하는 초콜릿 템퍼링 방식은 수냉법이므로 수냉법을 소개합니다.

1 볼에 초콜릿을 넣고 중탕으로 따뜻하게 녹입니다.
2 다시 얼음물을 받쳐 차갑게 식힙니다.
3 다시 중탕으로 온도를 올립니다.
4 최종 온도를 확인하고 스페튤러 등에 묻혀 템퍼링이 제대로 되었는지 확인합니다.
   팁▶ 얼음물에 올려 온도를 낮출 때는 어느 한 부분만 굳지 않도록 주걱으로 계속해서 섞어야 하며
   만약 작업을 하는 도중에 초콜릿에 물이 단 한 방울이라도 들어가면 초콜릿을 사용하지 못하게
   되므로 각별한 주의가 필요합니다.

마들렌 응용 레시피

✻ 시그니처 레시피 ‖ 티

웨딩 밀크티
마들렌

프랑스 마리아쥬 프레르의 홍차 '웨딩 임페리얼'을 무척 좋아합니다. 그래서 웨딩 임페리얼을 마들렌으로 구현해 보았습니다. 웨딩 임페리얼은 황제의 결혼식을 표현한 홍차로 아삼(Assam)이 베이스이며 초콜릿 향이 납니다. 이 찻잎을 곱게 갈아 마들렌 반죽에 넣고 구우면 그것만으로도 정말 향긋한 마들렌이 완성되지요. 여기에 홍차하면 자연스럽게 연상되는 밀크티의 맛을 더하고 싶어 우유에 찻잎을 우려내 글라세를 만들었습니다. 좋아하는 홍차를 마들렌으로 구현하고 또 이 제품을 좋아해 주는 손님들이 점점 많아질 때, 정말 황제의 결혼식에 초대된 것처럼 마냥 행복하답니다.

마리아쥬 프레르

1854년에 프랑스에서 마리아쥬 형제가 창립한 역사 깊은 프랑스의 홍차 브랜드입니다. 전 세계적으로 큰 사랑을 받고 있습니다

81

20개 분량

A 홍차 마들렌

웨딩 임페리얼 찻잎	8.5g
물	10g
트리몰린	67g
마스코바도	85g
설탕	85g
달걀	186g
베이킹파우더	8g
소금	2g
아몬드파우더	20g
프랑스 밀가루 T55	175g
발효 버터	179g

A 홍차 마들렌

1 푸드프로세서에 웨딩 임페리얼 찻잎을 넣고 곱게 갈아 파우더 형태로 만듭니다.

2 볼에 1의 찻잎 가루와 물을 넣어 5분간 우립니다.

팁▶ 찻잎을 반죽에 사용할 때는 찻잎에 동량의 물을 부어 미리 불린 뒤에 반죽에 넣으면 향이 충분히 우러나 좀 더 진한 향을 낼 수 있으며 제품의 수분량에도 거의 영향을 주지 않습니다. 오히려 불리지 않고 파우더 형태 그대로 첨가하면 찻잎이 반죽 속 수분을 빨아들여 제품이 건조하게 완성되거나 수축될 수도 있습니다. 따라서 미리 물 또는 우유에 불려 사용하는 것이 좋으며 여의치 않다면 레시피 자체의 수분량을 늘려 주는 것도 방법입니다.

3 트리몰린, 마스코바도, 설탕, 달걀을 넣고 거품기로 덩어리지지 않게 잘 섞으면서 중탕으로 25℃까지 온도를 올립니다.

4   함께 체 친 베이킹파우더, 소금, 아몬드파우더, 프랑스 밀가루
    T55를 넣고 거품기로 덩어리지지 않도록 5~7번 빠르게 섞어
    줍니다.

5   날가루가 사라지면 반죽에 윤기가 나고 부드럽게 떨어지는 정도가
    될 때까지 16~20번 더 섞어 주고 반죽의 온도가 24·25℃인지
    확인합니다.

6   57℃로 녹인 발효 버터를 넣고 거품기로 볼 벽에 반죽이 묻어날
    때까지 세차게 섞어 줍니다.

7   주걱으로 볼의 바닥과 벽을 긁어 전체적으로 균일한 상태가 되도록
    섞습니다.

8   밀폐 용기에 담아 랩을 밀착시킨 후 24시간 동안 냉장고에서
    휴지시킵니다.

9   반죽을 꺼내어 주걱으로 잘 섞은 뒤 짤주머니에 담습니다.

10   버터(분량 외)를 칠한 몰드에 40g씩 짜 넣고 냉동고에서 15분간
    차갑게 식힙니다.

11   200℃로 예열한 오븐에서 1분 동안 굽다가 165~168℃로 온도를
    낮추어 12분 동안 더 굽습니다. `p.35 참고`
    [1분 → 2분(연구리 살 확인 후 몰드 앞뒤 돌려 주기) → 8분(몰드
    앞뒤 놀려 수기) → 2분]

12   오븐에서 꺼내자마자 스패튤러로 마들렌을 살짝 들어 올려 몰드에
    비스듬하게 얹고 완전히 식힙니다.

B 웨딩 밀크티 글라세

우유	63g
웨딩 임페리얼 찻잎	2.2g
분당	253g
연유	11g
레몬즙	7g

마무리

카카오 닙	적당량

B 웨딩 밀크티 글라세

13 냄비에 우유, 곱게 간 웨딩 임페리얼 찻잎을 넣은 뒤 주걱으로 저으며 가운데가 보글보글 끓을 때까지 가열합니다.

14 불에서 내려 냄비에 랩을 씌운 뒤 20분 동안 우려 밀크티를 만듭니다.

15 볼에 체 친 분당, 14, 연유를 넣고 거품기로 꼼꼼히 섞어 줍니다.

16 레몬즙을 넣고 섞은 뒤 밀폐 용기에 담아 냉장고에 보관합니다.

> **팁 ▶** 우유로 만들기 때문에 우유나 밀크티에 바로 레몬즙을 넣으면 우유의 단백질 성분이 두부처럼 몽글몽글하게 뭉치며 덩어리가 생겨 사용할 수 없게 됩니다. 반드시 우유에 연유와 분당을 섞어 당을 충분히 분포시킨 뒤, 마지막에 레몬즙을 넣어 완성합니다. 냉장고에 보관하면 5일간 사용할 수 있습니다.

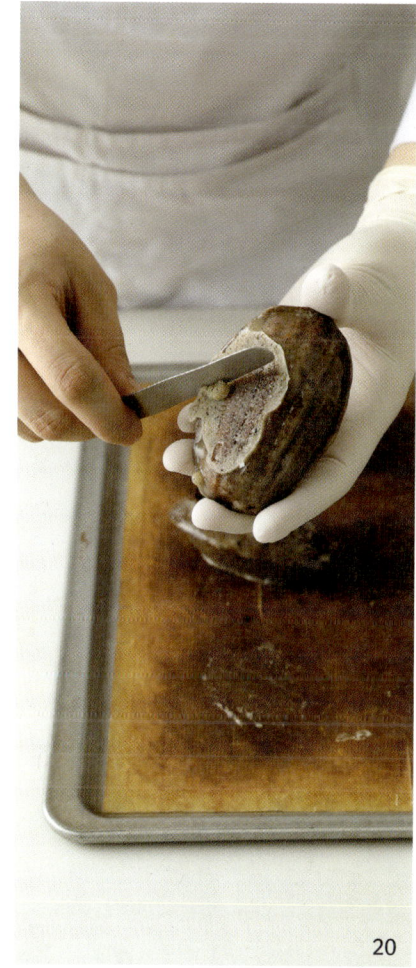

17　　　　　　　　　　　　18　　　　　　　　　　　　20

마무리

17 A(홍차 마들렌)의 겉면에 B(웨딩 밀크티 글라세)를 바릅니다.

18 카카오 닙을 적당히 올립니다.

19 125℃ 오븐에서 3분 동안 구운 뒤 충분히 식힙니다.

20 바닥 쪽에 굳은 글라세를 긁어 제거합니다.

🟠 **팁 ▶** 웨딩 밀크티는 초콜릿 캐러멜 향이 나는 홍차이기 때문에 초콜릿의 원료인 카카오 닙을 토핑으로 사용해 식감에 재미를 주고 초콜릿의 향을 느낄 수 있게 했습니다.

마들렌 응용 레시피

✽ 시그니처 레시피 ‖ 초콜릿

카페 위스키
보틀 마들렌

여름에 선보일 만한 특별한 마들렌을 구상하다가 만든 세상
어디에도 없는 마들렌입니다. 재미와 맛 두마리 토끼를 노부 삽은
제품으로 귀여움은 덤입니다. 커피를 가득 넣어 구운 마들렌에
위스키로 만든 가나슈를 주입해 그윽한 커피 향과 위스키의 풍미를
모두 느낄 수 있습니다. 또 위스키 병 모양에서 착안해 마들렌 위에
코르크 마개 모양으로 만든 쿠키를 얹어 먹는 재미까지 선사합니다.
마들렌을 자르면 가나슈 필링이 주르륵 흘러내려 마치 병 속에 닮긴
위스키가 흐르는 듯한 느낌을 줍니다. 하지만 가나슈의 경우 시간이
흐를수록 결정화되어 고체 상태로 굳을 수 있고, 보관하는 온도에
따라 더 빨리 굳을 수 있으므로 가급적 당일에 먹길 권장하고
있습니다.

좀 더 알아보기

디저트에 위스키 활용하기

제품마다 다르지만 위스키는 기본적으로
40% 정도의 알코올을 함유하고 있습니다.
셰프의 의도에 따라 알코올을 완전히 없앨
것인지, 남길 것인지 또 남긴다면 얼마만큼
을 남길 것인지 정할 수 있습니다. 알코올
은 열을 가하면 빼르게 휘발되지만, 열을
가하지 않아도 완성한 후 공기 중에 노출되
면 시간이 지날수록 서서히 휘발됩니다. 만
약 제품에 따라 알코올을 온전히 남기고 싶
다면, 가장 마지막 단계에 알코올을 첨가하
고 밀폐 용기에 보관해 판매하며 소비 기한
동안 쉽게 쭈는 것이 좋습니다. 디만 판매
할 때는 반드시 알코올이 함유되어 있음을
사전에 고지해 아이나 임산부, 운전자 등이
섭취하지 않도록 해야 합니다. 물론 청소년
및 미성년자에게 판매할 수 없다는 제약 또
한 따릅니다.

A 위스키 가나슈(30개 분량)

코코넛 밀크	120g
동물성 휘핑크림	40g
커피 원두가루	11g
위스키	32g
밀크초콜릿	184g
발효 버터	149g

B 코르크 쿠키(25개 분량)

발효 버터	120g
마스코바도	120g
소금	1.5g
아몬드파우더	158g
프랑스 밀가루 T55	120g

A 위스키 가나슈

1 볼에 코코넛 밀크, 동물성 휘핑크림, 커피 원두가루를 넣고 섞습니다.

팁▶ 재료들을 골고루 섞기 위한 과정으로 휘핑(공기 포집)이 되지 않게 주의하세요.

2 냄비에 위스키를 넣고 가열해 40℃로 데운 뒤 토치로 불을 붙여 알코올을 날려 줍니다.

팁▶ 처음에는 커다란 불길이 일렁이다가 알코올이 거의 다 날아갈 즈음엔 불꽃이 눈에 보이지 않습니다.

3 불꽃이 사라지면 1을 붓고 60℃까지 데웁니다.

4 계량컵에 밀크초콜릿을 담아 45℃로 녹인 뒤 3을 3번에 나누어 넣으며 거품기로 유화시켜 50℃로 완성합니다.

5 큐브 모양으로 썬 차가운 발효 버터를 넣고 핸드블렌더로 섞어 35~37℃의 가나슈를 만듭니다.

팁▶ 버터를 많이 넣는 가나슈이기 때문에 각각의 온도를 잘 지키며 만드세요.

6 밀폐 용기에 담아 랩을 밀착 시킨 뒤 냉장고에서 12시간 이상 휴지시킵니다.

B 코르크 쿠키

7 믹서볼에 20~22℃의 부드러운 발효 버터(포마드 버터)를 넣고
비터로 풀어 줍니다.

8 마스고비도, 소금을 넣고 중간중간 주걱으로 볼 벽을 긁어 가며
한 덩어리가 될 때까지 섞습니다.

팁▶ 마스코바도는 덩어리가 쉽게 지기 때문에 주걱으로 볼 벽에 얇게
펼치며 작업해 뭉친 마스코바도가 없도록 합니다.

9 함께 체 친 아몬드파우더, 프랑스 밀가루 T55를 넣고 한 덩어리가
되도록 섞어 줍니다.

10 작업대에 테프론 시트 1장을 깔고 각봉 2개를 양쪽에 올린 뒤
그 사이에 반죽을 넣어 1.5㎝ 두께로 밀어 폅니다.

11 냉장고에서 12시간 동안 휴지시킨 뒤 애플 코어러(사과 씨
제거기)를 사용해 원통형의 코르크 모양으로 찍어 냅니다.

12 베이킹팬에 타공 실리콘 메트를 얹고 필요한 만큼의 코르크 쿠키를
올려 160℃ 오븐에서 고른 갈색이 될 때까지 12분 정도 구운 뒤
식힙니다.

팁▶ 타공 실리콘 메트를 사용해야 코르크 모양의 디테일을 살린
쿠키를 만들 수 있습니다.

C 커피 마들렌

커피 원두가루	21g
트리몰린	21g
마스코바도	184g
달걀	205g
베이킹파우더	8.3g
소금	1.7g
프랑스 밀가루 T55	152g
발효 버터	184g
밀크초콜릿	74g

마무리

다크초콜릿	적당량

13

16-1

16-2

17

C 커피 마들렌

13 볼에 커피 원두가루, 트리몰린, 마스코바도, 달걀을 넣고 덩어리지지 않게 잘 섞으면서
중탕으로 23℃까지 온도를 올립니다.

　팁▶ 커피의 풍미가 좀 더 잘 어우러지도록 처음부터 달걀과 함께 섞는 것이 좋습니다.

14 함께 체 친 베이킹파우더, 소금, 프랑스 밀가루 T55를 넣고 덩어리지지 않도록 거품기로
5~7번 빠르게 섞어 줍니다.

15 날가루가 사라지면 반죽에 윤기가 나고 부드럽게 떨어지는 정도까지 16~20번 더 섞어
반죽의 온도가 24~25℃인지 확인합니다.

　팁▶ 반죽에 초콜릿을 넣을 경우 과하게 섞으면 굽고 난 뒤에 수축하는 경우가 발생합니다. 따라서
반죽이 균일한 상태가 되면 섞는 작업을 멈추도록 합니다.

16 발효 버터와 밀크초콜릿을 녹여 57℃로 온도를 맞추고 반죽에 넣어 거품기로 볼 벽에
반죽이 묻어날 때까지 세차게 섞어 줍니다.

　팁▶ 냄비에 버터와 초콜릿을 함께 넣고 녹이면 초콜릿이 타 버립니다. 따라서 버터를 먼저
70℃로 녹인 뒤 불에서 내리고 초콜릿을 넣어 버터의 온도로 완전히 녹입니다. 만약 온도가 많이
떨어졌다면 가장 약한 불에 올려 바닥을 꼼꼼히 저어 가며 온도를 올려 줍니다.

17 주걱으로 볼 바닥과 벽을 긁어 전체적으로 균일한 상태가 되도록 섞습니다.

18 밀폐 용기에 담아 랩을 밀착시킨 후 24시간 동안 냉장고에서 휴지시킵니다.

19 반죽을 꺼내어 주걱으로 잘 섞은 뒤 짤주머니에 담습니다.

20 버터(분량 외)를 칠한 몰드에 40g씩 짜 넣고 냉동고에서 15분간 차갑게 식힙니다.

21 200℃로 예열한 오븐에서 1분 동안 굽다가 165~168℃로 온도를 낮추어 12분 동안 더 굽습니다. **p.35 참고**

　[1분 → 2분(옆구리 살 확인 후 몰드 앞뒤 돌려 주기) → 8분(몰드 앞뒤 돌려 주기) → 2분]

22 마들렌이 구워져 나오자마자 아주 뜨거운 상태일 때 차가운 상태의 A(위스키 가나슈)를 약 15g씩 짜 넣습니다.

　팁▶ 뜨거운 마들렌과 가나슈가 만나 가나슈가 바로 녹을 수 있도록 합니다. 마들렌을 기울여 김을 빼려고 하면 가나슈가 넘쳐흐를 수 있기 때문에 마들렌을 살짝 들어 한 김 뺀 뒤 다시 몰드에 바르게 놓습니다.

23 실온에 2시간 정도 두어 25℃ 이하로 식힙니다.

마무리

24 다크초콜릿을 템퍼링 합니다.(55℃ → 24~25℃ → 30℃) **p.78 참고**

25 템퍼링한 다크초콜릿을 숟가락으로 떠서 C(커피 마들렌)의 배꼽 쪽에 액체가 흐르는 듯한 모양으로 둘러 줍니다.

26 B(코르크 쿠키)를 구멍을 막는다는 느낌으로 올려 붙입니다.

마들렌 응용 레시피

🌸 시그니처 레시피 ‖ 과일 및 시즌널

살구 피스타치오
마들렌

살구와 피스타치오는 살구 철이 되면 저절로 생각나는 필승 조합입니다. 달콤하면서도 계절의 향을 머금고 있는 살구와 고소한 피스타치오가 만나 훌륭한 과일 마들렌이 탄생했습니다. 이 제품은 미리 준비해 둘 것이 많아 품이 많이 드는 마들렌 중 하나인데 매 시즌마다 놀라운 정도로 많은 사랑을 받고 있습니다. 마들렌이 구워져 나오면 겉면이 반짝거릴 수 있도록 바로 살구 즐레를 넉넉하게 발라 줍니다. 이 살구 즐레가 시간이 지나면서 굳으면 쫄깃한 젤리처럼 되어 식감과 맛, 모양까지 더욱 완벽한 마들렌이 됩니다.

좀 더 알아보기

디종 살구

남프랑스산 살구는 특히나 과육이 풍부합니다. 이 좋은 살구의 과육과 씨앗을 으깨어 숙성시키고 씨앗에서 아몬드 향이 나는 오일을 추출해 살구에 멋스러운 풍미를 더한 리큐어입니다.

A 살구 즐레(33개 분량)

살구 퓌레	300g
라임즙	15g
설탕	150g
아미드펙틴	3.5g
럼	15g
▶ 네그리타 오리지널 44%	
젤라틴 매스	3g

B 살구 절임(23개 분량)

건살구	150g
라임즙	9g
설탕	20g
화이트 와인	15g
디종 살구	5g

A 살구 즐레

1 냄비에 살구 퓌레, 라임즙, 설탕의 ½을 넣고 50℃로 데웁니다.

2 볼에 남은 설탕, 아미드펙틴을 넣어 거품기로 잘 섞어준 뒤 1에 넣고 빠르게 섞어 줍니다.

  팁▶ 펙틴과 설탕을 제대로 섞지 않고 넣거나 액체에 넣은 뒤 빠르게 섞어 주지 않으면 덩어리가 생기며 풀처럼 끈적한 식감이 되기 때문에 주의를 기울입니다.

3 굴절식 당도계로 측정해 51브릭스(Brix)가 될 때까지 저으면서 끓입니다.

4 럼을 넣고 50브릭스(Brix)가 될 때까지 끓입니다.

5 젤라틴 매스를 넣어 녹인 뒤 60~70℃로 식혀서 밀폐 용기에 담고 랩을 밀착시킵니다. 이후 약 30℃(실온 상태)까지 식으면 뚜껑을 덮은 뒤 냉장고에서 보관합니다.

  팁▶ 젤라틴 매스는 젤라틴 가루 1g과 따뜻한 물 6g을 거품기로 잘 섞어 가루를 완전히 용해시킨 뒤 랩을 밀착시키고 냉장고에서 7일 동안 보관하며 사용합니다. 젤리 같은 형태이기 때문에 칼로 적정량을 잘라서 사용합니다.

데친 건살구

살구 절임 완성

B 살구 절임

6 끓는 물에 건살구를 넣고 4분간 데칩니다.

7 데친 건살구를 트레이에 펼쳐 완전히 식힌 뒤 가위로 4등분, 작은 것은 3등분합니다.

8 냄비에 라임즙, 설탕, 화이트 와인의 ⅓을 넣고 설탕을 녹이며 70℃로 데웁니다.

9 불에서 내려 7의 살구에 붓고 남은 화이트 와인, 디종 살구를 넣습니다.

10 살구에 액체가 스며들도록 1~2분 정도 버무립니다.

11 랩닐 밀착시켜 냉장고에 도관합니다.

팁 ▶ 건조 살구를 데치면 불순물을 한 차례 걸러 낼 수 있습니다. 데치지 않고 사용하면 절일 때 액체가 잘 흡수되지 않기 때문에 수분이 충분하지 못한 상태에서 오븐에 구워지게 되어 타기 쉽습니다.

C 살구 피스타치오 마들렌

12 볼에 피스타치오 페이스트, 황설탕, 트리몰린, 달걀을 넣고 거품기로 잘 섞은 뒤 중탕으로 25℃까지 온도를 올립니다.

13 함께 체 친 베이킹파우더, 소금, 프랑스 밀가루 T55, 피스타치오파우더를 넣고 거품기로 덩어리지지 않도록 5~7번 빠르게 섞어 줍니다.

14 날가루가 사라지면 반죽에 윤기가 나고 부드럽게 떨어지며 반죽에 힘이 생길 때까지 25~30번 더 섞어 주고 반죽 온도가 24~25℃인지 확인합니다.

팁▶ 반죽에 피스타치오파우더가 들어가기 때문에 글루텐이 좀 더 생성되도록 보통의 반죽보다 조금 더 섞어 줍니다.

15 57℃로 녹인 발효 버터를 넣고 거품기로 볼 벽에 반죽이 묻어날 때까지 세차게 섞어 줍니다.

16 볼 벽에 반죽이 착 붙을 정도로 유화가 잘 되었다면 주걱으로 볼의 바닥과 벽을 긁어 전체적으로 균일한 상태가 되도록 섞습니다(반죽 온도 28~30℃).

17 밀폐 용기에 담아 랩을 밀착시킨 후 냉장고에서 24시간 동안 휴지시킵니다.

19

21-1

21-2

22

23

18 반죽을 꺼내 주걱으로 잘 섞은 뒤 짤주머니에 담습니다.

19 버터(분량 외)를 칠한 몰드에 40g씩 짜 넣고 B(살구 절임) 4~5조각, 구운 피스타치오 반태를 사이사이에 올린 뒤 냉동고에서 15분긴 시힙니다.

20 200℃로 예열한 오븐에서 1분 동안 굽다가 165~168℃로 온도를 낮추어 13분 정도 더 굽습니다. **p.35 참고**

　　[1분 → 3분~3분30초(옆구리 살 확인 후 몰드 앞뒤 돌려 주기) → 8분(몰드 앞뒤 돌려 주기) → 2분]

　　팁▶ 반죽이 묵직한 편이며 수분감이 있는 살구 절임을 토핑으로 올리기 때문에 마들렌의 옆구리 살이 친친히 올리오는 편입니다. 보통의 마들렌 옆구리 살이 3분 정도에 올라온다면, 살구 피스타치오 마들렌은 4분~4분 30초 정도에 올라옵니다. 따라서 오븐 문을 열기 전에 상태를 지켜보면서 1분 정도 더 굽기를 추천합니다.

마무리

21 마들렌이 구워져 나오자마자 마들렌 위에 A(살구 즐레) 적당량을 짠 뒤 붓으로 펴 바릅니다.

22 마들렌을 살짝 들어 김을 뺀 뒤 상온에서 2시간가량 식힙니다.

23 배꼽 부분에 피스타치오파우더를 뿌려 마무리합니다.

마들렌 응용 레시삐

✿ 시그니처 레시피 Ⅱ 과일 및 시즈널

오랑제트 마들렌

오랑제트(Orangette)는 당절임해 말린 오렌지 껍질에 다크초콜릿을
코팅한 프랑스의 클래식 초콜릿 디저트입니다. 오렌지의
새콤달콤함과 다크초콜릿의 쌉싸래함이 잘 어우러지며 오렌지가
쫄깃하게 씹히는 디저트이지요. 오랑제트는 껍질만 사용해 작은
스틱 형태로 만든 것과 오렌지의 과육과 함께 동그란 단면을 그대로
살린 뒤 초콜릿을 절반만 코팅하는 두 가지 형태가 대표적인데요,
과자방에서는 후자인 동그란 모양에 더 가까운 형태로 마들렌을
만들었습니다. 많은 사랑을 받는 제품이지만 이 제품을 보면 한 가지
재미있는 에피소드가 떠오르곤 합니다. 오랑제트 마들렌을 판매하기
시작하고 얼마 되지 않아, 한 손님이 오셔서 "초콜릿을 얼마나
아끼겠다고 왜 이렇게 반만 발라 두었냐"고 하셔서 당황했던 기억이
납니다. 설명을 드리기도 전에 손님이 가게를 떠나 아쉽게노 해닝을
하지 못했습니다. 그 후 저희도 '왜 클래식 오랑제트가 초골릿을
반만 바르는 형태로 만들어졌을까?'하는 의문이 생겼습니다. 아마
초콜릿으로 전체를 덮어 버리기보다는 안쪽에 오렌지가 있다는 것을
보여 주기 위해 초콜릿을 반만 코팅한 것이 아닐까 싶습니다.

좀 더 알아보기

쿠앵트로

오렌지 리큐어 중 가장 잘 알려져 있는 쿠
앵드보는 프랑스의 제과인자 쿠앵트로 형
제에 의해 처음 탄생되었으며 오렌지 껍질
로 만들어 오렌지 향이 나는 술입니다. 브
랜드와 가격에 따라 그 종류가 다양하며 제
품에 산뜻한 오렌지 향을 첨가하거나 부재
료의 잡내를 간추고 싶을 때 사용합니다.
과자방에서 사용하고 있는 쿠앵트로는 제
과제빵 선봉 세쁨이너 일코올이 80% 함유
되어 있습니다 적은 양만 사용해도 충분히
향을 내기 때문에 효과적으로 사용하기 좋
습니다.

A 오렌지 당절임

오렌지 1개당 약 15개의 마들렌 생산

오렌지 슬라이스	160g
설탕	75g
물	75g
레몬즙	10g
물엿	20g
생강	5g
쿠앵트로	2g

B 오랑제트 마들렌

설탕	149g
계핏가루	1g
생강가루	0.6g
트리몰린	37g
달걀	183g
베이킹파우더	6g
소금	3g
프랑스 밀가루 T55	134g
아몬드파우더	58g
발효 버터	192g
쿠앵트로	3g
아몬드 슬라이스	적당량

A 오렌지 당절임

1 베이킹소다와 소금으로 오렌지 껍질을 문질러 깨끗하게 세척합니다.

2 세척한 오렌지를 끓는 물에 넣어 1분간 데치고 얼음물에 담가 3분 동안 식힙니다. 이 과정을 3번 더 반복해 총 4번 데칩니다.

   팁▶ 오렌지 껍질의 쓴맛을 최대한 제거하기 위한 작업입니다.

3 데친 오렌지를 0.5cm 두께로 슬라이스하고 냄비에 켜켜이 넣습니다.

4 설탕, 물, 레몬즙, 물엿을 넣고 중약불로 시럽이 절반으로 줄어들 때까지 졸입니다.
   (약 4시간 소요)

5 시럽에 점도가 생기고 오렌지가 부드러우면서 반투명해졌으면
편으로 썬 생강과 쿠앵트로를 넣고 불을 끈 다음 하룻밤 동안
식힙니다.

📌 이 과정에서 오렌지에 시럽이 충분히 스며들고 숙성됩니다.

6 오렌지를 그릴에 올려 잔여 시럽을 빼내고 남은 시럽은 체에 걸러
냉장고에 보관합니다.

7 시럽을 제거한 오렌지를 80℃의 오븐에서 1시간 30분 정도
말리듯이 구워 줍니다.

📌 오븐마다 사양이 다르기 때문에 바싹 말리기보다는 살짝 촉촉한
상태가 될 때까지 구워 줍니다.

8 밀폐 용기에 담아 냉장 보관하고 2달 안에 사용합니다.

B 오랑제트 마들렌

9 볼에 설탕, 계핏가루, 생강가루, 트리몰린, 달걀을 넣고 거품기로
잘 섞은 뒤 중탕으로 25℃까지 온도를 올립니다.

10 함께 체 친 베이킹파우더, 소금, 프랑스 밀가루 T55,
아몬드파우더를 넣고 거품기로 넝어리지지 않도록 5 7번 빠르게
섞어 줍니다.

11 날가루가 사라지면 반죽에 윤기가 나고 부드럽게 떨어지며
반죽에 힘이 생길 때까지 25번 정도 더 섞어 주고 반죽의 온도가
24~25℃인지 확인합니다.

📌 반죽에 아몬드파우더가 첨가되기도 했고 바닥에 오렌지를 깐 다음
반죽을 올려 굽는 마들렌이기 때문에 보통의 마들렌 반죽보다 글루텐을
조금 더 반늘어야 마들렌 배꼽이 형성될 충분한 힘이 생깁니다.

12 57℃로 녹인 발효 버터를 넣고 거품기로 볼 벽에 반죽이 묻어날
때까지 세차게 섞어 줍니다.

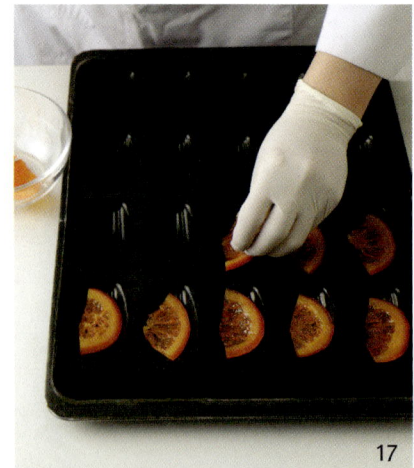

17

18-1

18-2

19

13 볼 벽에 반죽이 착 붙을 정도로 유화가 잘 되었다면 주걱으로
볼의 바닥과 벽을 긁어 전체적으로 균일한 상태가 되도록
섞습니다.(반죽 온도 28~30℃)

14 쿠앵트로를 넣고 한 번 더 균일하게 섞어 줍니다.

15 밀폐 용기에 담아 랩을 밀착시킨 후 냉장고에서 24시간 동안
휴지시킵니다.

16 반죽을 꺼내어 주걱으로 잘 섞은 뒤 짤주머니에 담습니다.

17 A(오렌지 당절임)를 몰드 크기에 맞게 부채 모양으로 잘라
버터(분량 외)를 칠한 몰드에 깔아 줍니다.

18 오렌지 당절임을 누르듯이 마들렌 반죽을 38g씩 짜 넣고 위에
아몬드 슬라이스를 올린 뒤 냉동고에서 15분간 차갑게 식힙니다.

19 200℃로 예열한 오븐에서 1분 동안 굽다가 165~168℃로 온도를
낮추어 12분 정도 더 굽습니다. **p.35 참고**

[1분 → 2~3분(옆구리 살 확인 후 몰드 앞뒤 돌려 주기) →
8분(몰드 앞뒤 돌려 주기) → 2분]

팁▶ 반죽 아래쪽에 오렌지 당절임이 있기 때문에 마들렌 옆구리 살이
천천히 올라오는 편입니다. 마들렌 몰드의 앞뒤를 돌리기 전, 1분 정도
상태를 확인하며 더 구워 줍니다. 수분감이 있는 편이기 때문에 굽기
완료 전 추가로 1~2분 더 구워야 할 수 있습니다.

20 마들렌이 구워져 나오자마자 살짝 들어 올려 오렌지에서 나오는 추가적인 수분으로 인해 축축해지지 않도록 합니다.

마무리

21 조개 모양 부분에 A(오렌지 당절임)의 시럽을 발라 적셔 줍니다.

　팁▶ 과하게 발리지 않도록 붓으로 잘 긁어 주세요.

22 시럽을 바른 부분이 공기와 잘 맞닿도록 위를 보게 두어 20분가량 말립니다.

23 템퍼링한 다크초콜릿에 비스듬히 반만 담가 코팅합니다.

　템퍼링 p.70 참고

🌸 **시그니처 레시피 ‖ 과일 및 시즈널**

파리지앵 마들렌

여러분은 어떤 칵테일을 가장 좋아하나요? 이 마들렌은
'파리지앵'이라는 칵테일을 마들렌 버전으로 만든 제품입니다.
파리지앵이라는 칵테일을 처음 마셨을 때, '어떻게 이렇게 달콤하고
우아하면서도 아름다운 맛이 있을 수 있을까'하고 놀랐습니다.
그렇게 파리지앵 칵테일의 매력에 푹 빠져서 그 향을 만들어
내는 재료를 모두 알아 내기 위해 노력했지만 결국 사용하는
리큐어에서 나는 모든 향까지 꿰뚫지는 못했습니다. 하지만 기억을
살려 칵테일의 맛을 온전히 담고자 했습니다. 일단 파리지앵
칵테일처럼 붉은 보라색을 내고, 칵테일을 마실 때 가장 먼저 느꼈던
오렌지, 그 다음으로 느꼈던 블루베리 같은 검붉은 과실류의 맛을
구현하고자 했습니다. 아주 가벼운 느낌이었지만 그 향만큼은 싫고
풍부했습니다. 마지막으로 칵테일을 나 마셔갈 즈음, 시원하고
깔끔한 허브의 향을 느꼈습니다. 이 향은 칵테일의 베이스 재료인
베르무트(vermouth, 리큐어의 한 종류)에서 나는 향이었습니다.
'칵테일에서도 과자에 대한 영감을 받을 수 있구나'라는 깨달음을
얻었지만 한편으로는 칵테일을 과자로 구현한다는 것이 마치 구름을
맛으로 표현하는 것처럼 참으로 어렵기도 했습니다. 긴 시간과
노력을 들인 만큼 저희에게 특별한 의미가 있는 마들렌입니다. 오랜
시간이 지나도 이 제품을 기억해 주시고 저희와 함께 즐기는 분들이
있다는 사실도 감사합니다.

좀 더 알아보기

파리지앵 & 크렘 드 카시스

파리지앵은 크렘 드 카시스를 홍보하기 위
해 탄생한 칵테일로 마티니에 크렘 드 카시
스를 넣은 칵테일입니다. 크렘 드 카시스는
블랙커런트(카시스, cassis)열매를 으깨고
발효시켜 만든 리큐어입니다.

A 블루베리 절임(100개 분량)

건조 블루베리	333g
카시스 퓌레	27g
레드 와인	51g
럼	50g
▶ 네그리타 오리지널 44%	
설탕	15g
아니스파우더	0.8g
정향파우더	0.4g

B 카시스 글라세(약 25개 분량)

분당	375g
카시스 퓌레	100g
디종 카시스	30g
디종 장미	3g
물	30g

C 파리지앵 마들렌

설탕	148g
오렌지 제스트	9g
트리몰린	72g
달걀	196g
베이킹파우더	8.8g
소금	2g
프랑스 밀가루 T55	192g
아몬드파우더	22g
발효 버터	196g

마무리

오렌지 제스트	적당량

A 블루베리 절임

1 끓는 물에 건조 블루베리를 넣어 가볍게 데치고 건져 냅니다.

2 냄비에 블루베리를 제외한 모든 재료를 넣고 70℃까지 데웁니다.

3 데친 블루베리에 2를 넣고 잘 버무려 밀폐 용기에 담은 뒤 7일간 숙성시킵니다. 7일 동안 하루에 한 번씩 액체와 블루베리가 잘 섞일 수 있도록 섞어 줍니다.

　팁 ▶ 건조 과일은 데쳐서 사용하면 불순물 제거에 효과적이며 첨가하고 싶은 액체가 더 잘 배어듭니다.

B 카시스 글라세

4 볼에 분당을 체 쳐 담고 30℃로 데운 카시스 퓌레, 디종 카시스, 디종 장미를 넣고 섞습니다.

5 물을 조금씩 넣으며 섞어 적당한 되기를 맞춥니다. 물은 되기 조절용으로 가감해 사용합니다.

C 파리지앵 마들렌

6 볼에 설탕을 넣고 그 위에서 제스터로 오렌지 껍질을 갈아 넣습니다.

7 설탕과 제스트를 잘 버무려 랩을 씌운 뒤 24시간 동안 숙성시킵니다.

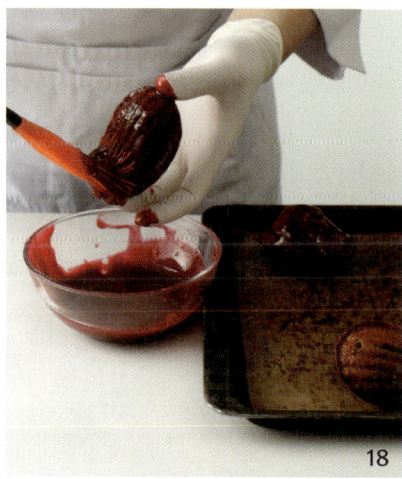

8 다른 볼에 7, 트리몰린, 달걀을 넣고 거품기로 섞은 뒤 중탕으로 25℃까지 온도를 올립니다.

9 함께 체 친 베이킹파우더, 소금, 프랑스 밀가루 T55, 아몬드파우더를 넣고 거품기로 덩어리지지 않도록 5~7번 빠르게 섞어 줍니다.

10 날가루가 사라지면 15~20번 더 섞어 주고 반죽의 온도가 24~25℃인지 확인합니다.

11 57℃로 녹인 발효 버터를 넣고 거품기로 볼 벽에 반죽이 묻어날 때까지 세차게 섞어 줍니다.

12 볼 벽에 반죽이 착 붙을 정도로 유화가 잘 되었다면 주걱으로 볼의 바닥과 벽을 긁어 전체적으로 균일한 상태가 되도록 섞습니다.

13 밀폐 용기에 담아 랩을 밀착시킨 후 냉장고에서 24시간 동안 휴지시킵니다.

14 반죽을 꺼내어 볼에 반죽 760g, A(블루베리 절임) 90g을 넣고 주걱으로 잘 섞은 뒤 짤주머니에 담습니다.

15 버터(분량 외)를 칠한 몰드에 42g씩 짜 넣고 냉동고에서 15분간 차갑게 식힙니다.

16 200℃로 예열한 오븐에서 1분 동안 굽다가 165~168℃로 온도를 낮추어 12분 동안 더 굽습니다. **p.35 참고**
[1분 → 2분(옆구리 살 확인 후 몰드 앞뒤 돌려 주기) → 8분(몰드 앞뒤 돌려 주기) → 2분]

17 오븐에서 꺼내자마자 스패튤러로 마들렌을 살짝 들어 올려 몰드에 비스듬히 얹고 완전히 식힙니다.

마무리

18 C(파리지앵 마들렌)에 부드럽게 푼 B(카시스 글라세)를 비릅니다.

19 125℃ 오븐에서 3분 동안 굽습니다.

20 구워져 나오자마자 오렌지를 갈아 제스트를 뿌리고 식힙니다.

21 바닥에 가라앉은 글라세를 칼로 조심스레 긁어냅니다.

107

마들렌 응용 레시피

✳ 시그니처 레시피 ‖ 시즈널

슈톨렌 마들렌

크리스마스를 기다리며 먹는 독일 전통 크리스마스 빵 슈톨렌을 작고 앙증맞은 마들렌으로 만들었습니다. 슈톨렌은 럼이나 브랜디처럼 풍미가 좋은 술에 선호하는 건조 과일과 향신료를 넣고 1~2년 숙성시킨 뒤 이를 사용해서 만들어 풍미가 무척 좋은 빵입니다. 이 빵의 가장 큰 특징은 보통의 빵처럼 만든 뒤 바로 먹어도 괜찮지만 실온에 두고 천천히 숙성시켜 먹으며 풍미가 더 우러나와 맛있어진다는 점입니다. 과자방에서는 슈톨렌의 또 다른 특징인 마지팬과 향신료, 절임 과일 등을 마들렌에 모두 담아 냅니다. 2019년 출시 이래로 크리스마스 시즌을 대표하는 제품으로 자리 잡아 매년 많은 사랑을 받고 있으며 고객들에게 다채로운 즐거움을 선사하기 위해 건조 과일의 종류들 내년 조금씩 바꾸이 만들고 있습니다. 슈톨렌 마들렌은 만든 당일보다는 이틀쯤 지나야 속이 부드럽고 촉촉하며 과일 절임의 풍미가 진하게 우러나 더욱 맛있게 먹을 수 있습니다. 날씨가 추워지면 유독 향신료가 더 향긋하고 달콤하게 느껴지는데요, 아마 크리스마스를 기다리는 설렘이 더해져서가 아닌가 싶습니다. 밀봉해 보관했다가 위스키나 레드 와인, 따뜻한 홍차 등과 함께 곁들이면 더욱 맛있게 즐기실 수 있습니다. 평소 클래식한 슈톨렌의 큰 사이즈가 부담스러웠던 분들에게 더 사랑받는 슈톨렌 마들렌을 소개합니다.

정향(클로브)

보통 치과 냄새라고 많이들 생각하는 알싸한 향의 인도네시아 향신료입니다. 강한 향 때문에 처음에는 조금 꺼려질 수 있지만 다른 재료들과 한데 어우러져 제품에 임팩트를 줍니다. 제과에서는 주로 파우더 형태로 시나몬, 너트 맥과 블렌딩해 사용합니다.

너트 맥(육두구)

제과에서 유제품을 다량으로 사용할 때 깔끔한 향을 더하기 위해 사용하는 인도네시아 향신료입니다. 후추만큼 향이 강하시는 않지만 은은하고 따뜻하면서 부드러운 풍미를 냅니다. 향신료이기 때문에 아주 소량만 갈아서 사용할 것을 권장합니다.

아니스

달콤한 향과 배콤한 맛을 함께 지녀 감초와 같다고도 합니다. 향이 매우 강하기 때문에 홀 형태보다는 파우더 형태로 아주 소량만 넣습니다. 너트 맥, 시나몬 등의 향신료와 잘 어울립니다.

A 과일 절임(약 100개 분량)

당절임 오렌지	154g
미션 무화과	200g
건조 블루베리	200g
건조 크랜베리	46g
건살구	92g
카시스 퓌레	46g
설탕	28g
아니스파우더	1.5g
정향파우더	0.8g
레드 와인	92g
럼	89g
▶ 네그리타 오리지널 44%	

B 슈톨렌 마들렌

마지팬A	83g
트리몰린	22g
달걀	161g
설탕	122g
계핏가루	0.6g
너트 맥	0.6g
정향파우더	0.4g
아니스파우더	0.4g
프랑스 밀가루 T55	125g
아몬드파우더	36g
베이킹파우더	5g
소금	3g
발효 버터	181g
럼	6g
▶ 네그리타 오리지널 44%	
마지팬B	160g
A(과일 절임)	167g
구운 피칸	28g

A 과일 절임

1 당절임 오렌지는 p.100 오랑제트 마들렌의 오렌지 당절임을 참고하여 만듭니다.

2 미션 무화과, 건조 블루베리, 건조 크랜베리, 건살구를 각각 끓는 물에 한 번 데친 뒤 건져 식힙니다.

3 가위 또는 칼로 2의 블루베리와 크랜베리 크기에 맞추어 무화과, 살구 그리고 오렌지를 자릅니다.

   팁▶ 모든 과일의 크기가 비슷해야 입안에서 더욱 다채롭게 느껴집니다.

4 냄비에 카시스 퓌레, 설탕, 아니스파우더, 정향파우더를 넣고 주걱으로 저으면서 설탕이 녹을 정도로만 데워 줍니다.

5 밀폐 용기에 준비한 과일과 4, 레드 와인, 럼을 넣고 골고루 섞어 줍니다.

6 랩을 밀착시켜 냉장고에서 1년 동안 숙성시킵니다. 처음 7일 동안은 매일 바닥에 가라앉은 액체와 과일을 골고루 뒤섞어 줍니다. 그 뒤로는 1달에 한 번씩 섞어 주는 작업을 반복합니다.

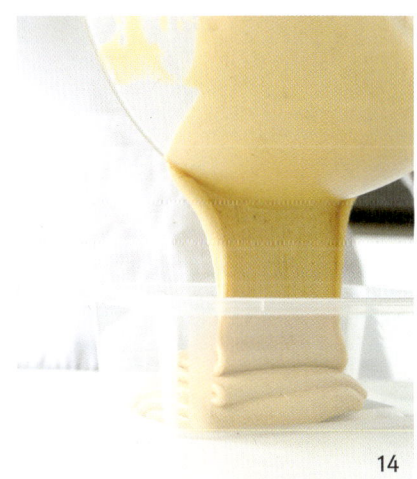

B 슈톨렌 마들렌

7 볼에 마지팬A와 트리몰린을 넣고 섞어 줍니다.

8 달걀을 조금씩 흘려 넣으며 주걱으로 덩어리가 없어질 때까지
마지팬을 풀어 줍니다.

9 설탕, 게랑기루, 신 니느 색, 생앙피부니, 이니스피부니를 넣고
덩어리지지 않게 잘 섞으면서 중탕으로 25℃까지 온도를
올립니다.

10 함께 체 친 프랑스 밀가루 T55, 아몬드파우더, 베이킹파우더,
소금을 넣고 거품기로 덩어리지지 않도록 5~7번 빠르게 섞어
줍니다.

11 날가루가 사라지면 25~30번 더 섞어 주고 반죽의 온도가
24~25℃인지 확인합니다.

팁 ▶ 반죽에 소량의 아몬드파우더와 다량의 마지팬 또 과일 절임 등
많은 재료가 든어가는 반죽인 ㅐ다. ㅂ동이 ㅁ든렌 반죽부디 글쿠덴을
조금 더 만들어야 배꼽을 형성할 충분한 힘이 생깁니다.

12 57℃로 녹인 발효 버터를 넣고 거품기로 볼 벽에 반죽이 묻어날
때까지 세차게 섞어 줍니다(반죽 온도 28~30℃).

13 볼 벽에 반죽이 착 붙을 정도로 유화가 잘 되었다면 럼을 넣고
주걱으로 볼의 바닥과 벽을 긁어 전체적으로 균일한 상태가 되도록
섞습니다.

14 밀폐 용기에 담아 랩을 밀착시키 후 냉장고에서 24시간 동안
휴지시킵니다.

C 정제 버터

발효 버터	1000g

D 향신료 설탕

설탕	196g
소금	2g
계핏가루	0.5g
너트 맥(간 것)	0.3g
정향파우더	0.3g
아니스파우더	0.3g

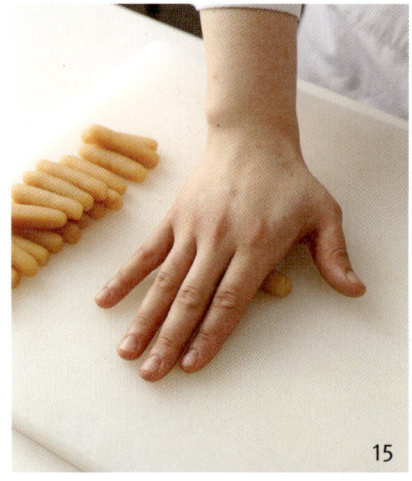

15 마지팬B를 8g씩 분할해 둥글리기 하고 다시 마들렌 크기에 맞게 막대 모양으로 만들어
냉동고에 보관합니다.

16 볼에 14의 반죽 740g, A(과일 절임) 167g, 구운 피칸을 담아 주걱으로 섞은 뒤 짤주머니에
담습니다.

팁▶ 피칸을 160℃ 오븐에서 10~15분간 구운 뒤 식혀 4등분해 사용합니다.

17 버터(분량 외)를 칠한 몰드에 20g씩 짠 뒤 15의 마지팬을 눌러 넣습니다.

18 다시 반죽 22g을 짜서 마지팬을 덮어준 다음 냉동고에서 15분간 차갑게 식힙니다.

팁▶ 마지팬이 그대로 노출되지 않도록 반드시 반죽으로 덮어 주어야 딱딱하게 타지 않습니다.

19 200℃로 예열한 오븐에서 1분 동안 굽다가 165~168℃로 온도를 낮추어 15~17분 정도
더 굽습니다. **p.35 참고**

[1분 → 3~4분(옆구리 살 확인 후 몰드 앞뒤 돌려 주기) → 8분(몰드 앞뒤 돌려 주기) →
4~5분]

팁▶ 반죽의 양이 많고 중앙에 마지팬이 들어가므로 최종적으로 구워야하는 시간이 보통의
마들렌보다 훨씬 깁니다. 마들렌 몰드의 앞뒤를 돌려 주기 전에 마들렌의 옆구리 살이 적절히
올라왔는지 확인 하고 돌려야 합니다. 아직 옆구리 살이 충분히 올라오지 않았다면 1~2분 더
추가로 구운 뒤에 돌려 줍니다. 오븐에서 꺼내기 전에 덜 익은 모습이 보인다면 2~3분 동안
추가로 익힙니다. 부재료가 많이 들어가기 때문에 유일하게 배꼽이 잘 올라오지 않아 불륨이 작은
마들렌입니다.

20 오븐에서 꺼내자마자 스패튤러로 마들렌을 살짝 늘어 올려 볼느에 비스듬하게 얹고 완전히 식힙니다.

C 정제 버터

21 냄비에 발효 버터를 넣고 가장 약한 불로 천천히 녹입니다.

    팁▶ 버터가 끓으면 정제버터를 깔끔하게 만들기 어렵습니다.

22 완전히 액체 상태가 되어 바닥에는 뿌연 단백질 성분이 가라앉고 위에는 맑은 지방층이 생성되면 위쪽에 떠 있는 맑은 버터를 조심스럽게 따라내고 뿌연 단백질은 폐기합니다.

    팁▶ 30~32℃의 온도로 데워 사용하고 남은 것은 한 달까지 냉동 보관해 사용 가능합니다. 정제 버터를 사용하는 이유는 버터 속 단백질을 제거함으로써 버터를 많이 사용하는 제품에 느끼함을 줄여 깔끔한 맛을 내며 상온에서의 보존성도 더 좋아지기 때문입니다.

D 향신료 설탕

23 볼에 모든 재료를 넣고 섞어 줍니다.

마무리

24 B(쇼콜라 마들렌)를 30℃의 C(정제 버터)에 1차로 담갔다가 건져내 실온에서 15분 동안 건조시킵니다.

25 30℃의 C(정제 버터)에 2차로 한 번 더 담갔다가 건져낸 뒤 다시 실온에서 15분 동안 건조시킵니다.

26 두껍게 뭉쳐있는 잔여 버터를 긁어냅니다.

27 D(향신료 설탕)에 굴려 골고루 묻힙니다.

    팁▶ 설탕을 너무 과하게 묻히지 말고 1겹으로 골고루 묻힙니다.

좀 더 알아보기

why? ▶ 정제 버터에 2번 담가 코팅하는 이유

과자의 보존성을 높이기 위함입니다. 노화를 늦추어
촉촉한 상태로 오래 보존하기 위해 과자에 방어막을
생성하는 과정이며 이 방식은 클래식 슈톨렌을 만들 때와
동일합니다. 일반적인 슈톨렌은 겉에 분당까지 두툼하게
묻혀 보존성을 더 높이지만 슈톨렌 마들렌은 당도를
더 이상 높이지 않고 깔끔한 맛을 내도록 향신료 설탕만
한 겹 묻혀 완성했습니다.

슈톨렌 포장하기

쿠키 봉투에 하나씩 넣어 밀봉한 뒤
크리스마스 분위기가 물씬 풍기는
패키지에 담으면 크리스마스 선물로도
안성맞춤입니다.

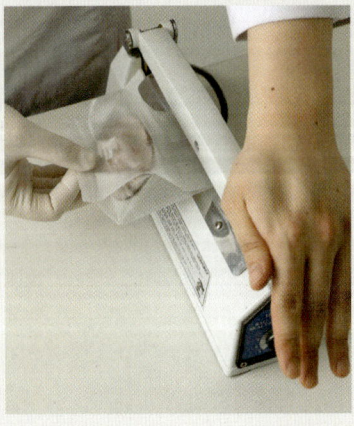
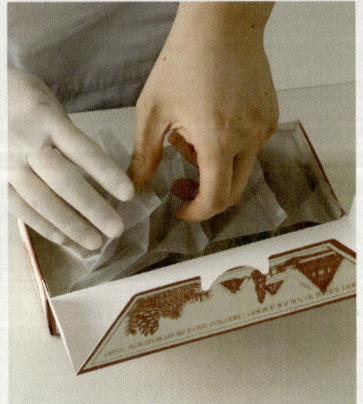

대표 제품으로
마들렌을 선택한 이유

마들렌은 작고 예쁘고 우아한 매력을 가진 디저트입니다. 또 작은 공간에서 적은 도구를 사용해 만들 수 있는 품목 중 하나이기도 합니다. 그래서 비교적 창업에 진입 장벽이 낮다는 생각이 들어 무작정 마들렌에 몰두했습니다. 초반에는 원하는 제품을 만들기 위해 많은 시행착오를 겪기도 했지만 곧 맛있는 레시피를 구성하는 데 성공했습니다. 그 이후에는 균일한 제품을 생산하기 위해 노력했는데, 만들면 만들수록 오묘하게 어렵고 매번 다른 제품이 나와 제과사로서 승부욕이 자극되기 시작했습니다.

'왜 다르지? 왜 계속 다르게 나올까?' 지금처럼 완벽하고 아름다운 마들렌만 선보이고 싶었는데, 마들렌을 매번 균일하게 생산하지 못한다는 사실에 꽤 많은 스트레스를 받았습니다. 그렇게 마들렌과 애증의 관계가 되어 그 이유를 찾고자 끈질기게 추적하고 분석했습니다. 한번은 너무 답답한 마음에 꼬박 4일간 젓는 횟수와 온도에 따라 결과물이 어떻게 다르게 나오는지를 기록했고 그 답을 찾아냈습니다. 그 이유를 알기 전까지는 분명 몰랐지만 알고 나면 "아, 그게 비법이었다고?"하는 것처럼, 우리가 알아낸 마들렌의 비법도 발견한 당시에는 헛웃음이 나올 정도로 허무했습니다. 하지만 과자방을 계속 운영하면서 이 작은 비법들이 쌓이고 쌓여 과자방을 이끌어 나가는 대단한 기술이 되었습니다. 그래서 이제는 하나의 비법을 발견해 낸다는 것이 얼마나 치열하게 고민하고 관심 있게 들여다 보았는지에 대한 증거라는 사실을 잘 알고 있습니다.

저희가 아름답고 맛있는 마들렌을 균일하게 생산해 내는 비법을 터득한 시기가 마침, 마들렌이 대중에게 인기를 얻던 시기이기도 했습니다. 정말 운이 좋았다고 생각합니다. 시작하기 전에는 작은 공간에서 적은 도구로 시작하기에 좋다고 확신했지만, 실상을 경험해 보니 절대 그렇지 않았습니다. 작지만 다양한 베이스를 미리 갖춰 두고 반죽을 하나하나 손으로 짜서 매일매일 구워 내야 해 품이 많이 드는 과자였습니다. 그럼에도 불구하고 객단가는 낮아서 많이 만들어 많이 팔아야 매출이 어느 정도 나오기 때문에 많이 만들기 위해서는 또 그만큼 많은 공간과 기물이 필요했습니다.

이처럼 기술을 다 터득했어도 여전히 호락호락하지 않은 마들렌. 돌이켜 보면 마들렌이 만들기 쉬워서 지금까지 꾸준히 해왔다기보다는, 마들렌 자체가 좋았기 때문에 더 열심히 해 온 듯합니다. 다양한 맛을 담아낼 수 있다는 것, 아름다운 곡선을 가졌다는 것, 배꼽이 귀엽게 올라온다는 것, 이 모든 것을 지켜보고 만드는 게 아직도 별다른 이유 없이 즐겁습니다. 오동통하게 부푼 예쁜 마들렌을 볼 때면 배가 부를 정도입니다. 우리만 그렇게 생각하나 싶었는데, 과자방을 방문하는 손님들의 반응을 보면 같은 생각인 게 분명합니다. 많은 사람들이 오동통한 마들렌 배꼽을 미주할 때면 즐겁고 신기해합니다.

그래서 왜 대표 제품으로 마들렌을 선택했느냐고 묻는다면, 마들렌의 아름다움과 매력을 만천하에 알리고 싶었기 때문이라고 답하겠습니다.

피낭시에

피낭시에 맛에 결정적인 역할을 하는 '식감'

피낭시에는 골드바라고 불릴 만큼 그 모양새가 금괴를 쏙 빼닮았습니다. 마들렌과 함께 큰 사랑을 받고 있지만 한편으로는 마들렌과 정확히 어떤 점이 다른지에 대한 질문을 많이 받는 과자이기도 합니다. 이번 장에서는 2층의 구석지고 허름한 작업실에 있던 과자 방을 1층의 정식 매장으로 이끌어 준 일등공신, 피낭시에에 대해 자세히 알아보겠습니다.

과자방에서는 피낭시에 레시피를 개발할 때 이 과자가 갖는 특징을 그대로 살리는 데 초점을 두고 있습니다. 고소한 맛이 강조되도록 견과류의 비율을 높이고, 고품질의 발효 버터를 알맞게 태워 뵈르 누아제트를 만듭니다. 특히 피낭시에 맛에 결정적인 역할을 하는 '식감'이 장시간 유지되도록 하는 것이 포인트입니다. 갓 구웠을 때는 바삭하고 시간이 지나더라도 피낭시에가 너무 부드러워지면서 부스러지지 않도록 만들고 있습니다.

시간이 지나면서 피낭시에 속에 수분이 고르게 퍼져 바삭함이 사라지고 눅눅해진 감자칩처럼 되는 게 무척 아쉬웠습니다. 그래서 손님이 구매한 날에도 또 그 다음날에도, 수분이 퍼지너라도 피낭시에가 여전히 맛있다고 느낄 수 있도록 견과류의 함량을 최대치로 끌어올리는 방법을 택했습니다. 팽창제를 사용하지 않고 오로지 밀가루, 견과류 가루, 달걀 등의 재료와 믹싱의 힘만으로 부풀려 오랜 시간 씹는 식감이 살아 있도록 했습니다. 또 피낭시에의 견과류 풍미를 중요하게 생각해 새로운 메뉴를 개발할 때도 반드시 견과류와 잘 어우러지는 재료를 골라 그 풍미가 그대로 유지되면서 다채롭게 느껴지도록 했습니다.

마들렌과 비교했을 때 피낭시에는 더 적은 재료를 사용하고 제조 방법이 간단하기 때문에 생산이 쉬운 품목이라고 여길 수 있습니다. 하지만 재료가 단순한 과자일수록 디테일이 더 중요한 법입니다. 이 네모난 작은 과자 속에 진한 버터와 견과류의 풍미를 오롯이 담아내고 에지(edge)까지 주려면 그만큼 더 세심한 기술이 필요합니다.

피낭시에 기초 ①

허름한 작업실에서 정식 매장으로 이끌어 준 피낭시에

피낭시에 기초 ②

피낭시에에 대하여

피낭시에의 기원과 역사

17세기, 비지탕딘(Visitandine)이라는 프랑스의 수녀회에서 만든 고소한 아몬드 반죽이 있었습니다. 이 반죽을 19세기에 파리 증권가의 한 제과사가 금괴 모양의 몰드에 담아 구웠는데 이것이 피낭시에의 탄생입니다. 불변의 가치를 지닌 금괴 모양인데다 손에 묻지 않아 깔끔하게 먹을 수 있고, 주머니에 가볍게 넣어 다닐 수 있다는 장점 때문에 피낭시에는 곧바로 증권가 딜러들의 마음을 사로잡았습니다. 이렇게 증권가를 중심으로 이름을 알리기 시작한 피낭시에는 지금까지 그 명맥을 이으며 구움과자의 대명사로 자리 잡았고, 전 세계인의 사랑을 한몸에 받고 있습니다.

직사각형의 금괴 모양 틀에 반죽을 넣고 구우면 마들렌과는 사뭇 다른 모습이 됩니다. 통통한 배꼽과 조개무늬 대신 각진 모서리를 가진 네모반듯한 모양으로 비교적 얇게 완성됩니다. 보통 황금빛을 띤 갈색이지만 제과사의 의도에 따라 아주 짙은 색으로 굽기도 하고 때로는 일부러 겉을 살짝 태워 굽기 정도를 조절하기도 합니다.

피낭시에를 특징 짓는 '뵈르 누아제트'

피낭시에를 특징짓는 가장 큰 요소는 버터를 태우거나 졸여 만드는 '뵈르 누아제트(Beurre Noisette)'입니다. 영어로는 '브라운 버터' 즉, 갈색 버터라는 뜻이며 뵈르 누아제트의 '뵈르'는 프랑스어로 버터를, '누아제트'는 헤이즐넛을 뜻합니다. 버터를 가열해 갈색으로 만드는 과정에서 버터 속의 단백질 성분인 고형분이 노릇하게 익는데, 이것에서 고소한 헤이즐넛 향이 난다 하여 헤이즐넛 버터라고 불립니다. 고형분이 고동색(붉은 빛의 갈색)이 될 때까지 가열하기 때문에 '버터를 태운다'고 표현하기도 합니다. 버터에 따라 뵈르 누아제트의 풍미도 크게 달라지므로, 어떤 버터를 선택하느냐에 따라 피낭시에의 최종적인 풍미가 결정됩니다. 또 버터와 견과류 가루 함량이 높아 차갑게 먹으면 쫀득하게 느껴지는 식감이 특징입니다.

마들렌에 비해 화려하지도 않고 종류가 더 많은 것도 아니지만, 피낭시에는 어느덧 과자방에서 가장 많이 생산하는 품목이 되었습니다. 피낭시에는 버터 함량이 높아 반죽이 조금만 이상해도 굽는 과정에서 기름이 새어 나와 튀겨지듯 구워지기도 하고 자칫 잘못하면 황금빛이 아니라 새까맣게 구워지기도 합니다. 보통 피낭시에는 구운 뒤 필링을 넣기보다는 구운 그대로 먹는 경우가 많기 때문에 반죽과 굽기 단계에서 다양한 감각과 많은 테크닉이 필요합니다. 먹기 간편하고 보관이 편리하다는 장점 때문에 최근 들어 마들렌과 함께 택배 판매나 선물용으로 많은 사랑을 받고 있는 아이템입니다.

잘 만든
피낭시에의 기준

잘 만들고 싶다면 분별하는 안목부터

피낭시에를 잘 만들고 싶다면 먼저 잘 만든 피낭시에가 어떤 것인지 알고 분별하는 능력을
갖추는 것이 필요합니다. 과자방의 피낭시에 중 매대에 올리는 상품과 그렇지 못한 상품의
사진을 살펴 보고 잘 만든 피낭시에를 알아볼 수 있는 시각을 키워 봅시다.

[매대에 올릴 수 있는 제품]

[매대에 올릴 수 없는 제품]

훌륭한 피낭시에를 만드는 최적의 공정

피낭시에 기본 배합

재료	중량(g)
흰자	144
꿀 또는 물엿	12
설탕	132
중력분	60
아몬드파우더	72
발효 버터	144
분량	**약 12개**

초보자를 위한 피낭시에 기본 레시피

피낭시에를 구성하는 6가지 필수 재료로 만드는 기본 배합을 소개합니다. 변수를 최소화하고 피낭시에라는 과자를 잘 만들어 내는 것에 초점을 둔 기본 레시피입니다. 최소한의 재료를 사용한 적은 배합으로 부담 없이 도전해 볼 수 있으리라 생각합니다. 앞으로 소개할 응용 피낭시에를 만들기 전에 가벼운 마음으로 따라 해 볼 수 있도록 짠 기술 연마용입니다.

이후에 나오는 레시피에서는 중력분 대신 프랑스 밀가루 T55를 사용하고 꿀 또는 물엿을 트리몰린으로 전량 대체합니다. 만약 선호하는 꿀이 있다면 특유의 향이 피낭시에와 잘 어우러지도록 사용해 보는 것도 좋습니다. 또 버터는 각자의 취향에 맞는 무염 발효 버터로 동량 대체할 수 있으며 레시피 분량의 버터를 모두 냄비에 넣고 가열해 뵈르 누아제트를 만든 뒤 전량 사용하는 것을 원칙으로 합니다.

이 레시피를 따라 차근차근 만들다 보면 피낭시에 만드는 방법을 숙지하게 되고 기본을 잘 다질 수 있을 것입니다. 또 후에 나오는 다른 레시피들도 훌륭하게 소화해 낼 수 있을 것입니다.

절대 실패하지 않는 반죽 만들기

1 흰자, 설탕, 트리몰린(또는 물엿)을 섞어 중탕하기

볼에 흰자, 설탕, 트리몰린을 넣고 거품기로 살살 저으면서 중탕물이
담긴 냄비 위에 올려 25℃로 온도를 올립니다. 냉장고에 차게 보관한
흰자가 원활하게 섞일 수 있도록 흰자의 온도를 올려 주는 것입니다.
설탕을 녹이기 위해 시간과 노력을 들이거나 거품기로 공기를 포집하
기 위함이 아니란 걸 인식하고 작업해야 합니다. 흰자의 알끈 부분이
탱글탱글하기 때문에 양이 많아질수록 점성이 강해 물리적인 힘을 필
요로 하는 작업입니다. 생각보다 달걀이 쉽게 익어 덩어리가 생길 수
있으니 자리를 비우지 말고 잘 저어 가며 온도를 올려야 합니다.

2 가루류 섞기

피낭시에의 볼륨과 식감을 결정하는 가장 중요한 단계입니다. 얼마만큼 섞었느냐에 따
라 결과물에 차이가 많이 납니다. 많이 섞으면 안 되기 때문에 덩어리가 생기지 않도록
반죽 준비 및 섞는 과정에 주의를 기울여야 합니다. 밀가루와 견과류 가루를 함께 체 친
뒤, 한 번 더 손으로 잘 섞어 하나의 가루처럼 만들면 쉽게 덩어리지지 않습니다. 조금만
망설여도 가루와 액체가 만나 엉기면서 덩어리가 생기는데, 한번 생긴 덩어리는 잘 풀리
지 않기 때문에 이 덩이리를 없애기 위해 과히게 섞는 일이 생깁니다. 날가루가 보이지
않으면 15번 정도 더 섞고 반죽을 떨어뜨렸을 때 한 가닥으로 균일하게 떨어지며 전체적
으로 윤기가 나면 멈춥니다. 과하게 섞으면 글루텐이 과하게 형성되이 피낭시에 또한 과
하게 부풉니다. 볼륨이 과한 피낭시에는 바삭하기보다는 빵처럼 폭신한 식감이 두드러
지며 입안에 묵직하게 남기보다는 부드럽게 넘어가 버려 맛과 향이 다소 약하게 느껴질
수 있습니다. 가루를 다 섞고 난 뒤에는 반죽의 온도가 25℃인지 확인합니다.

3

뵈르 누아제트

약불에서 천천히 졸이듯이 태우는 것이 핵심

발효 버터를 냄비에 넣고 약불에서 서서히 졸이듯이 태워 줍니다. 버터 속 수분이 증발하기 때문에 뵈르 누아제트를 완성하고 나면 약 16% 정도의 무게 손실이 발생합니다. 300g 이하 아주 적은 양의 버터를 태운다면 약불에서 처음부터 마지막까지 주걱이나 거품기 등으로 잘 저으면서 색을 보며 만드는 것이 좋습니다. 반대로 대량이라면 버터를 냄비에 담아 약불에 올리고 거품기를 활용해 타거나 바닥에 눌어붙지 않고 지속적으로 수분이 증발하면서 졸아들 수 있도록 틈틈이 저어 주어야 합니다. 버터를 태우는 정도는 바닥에 가라앉은 버터 고형분의 색을 보고 정합니다. 고형분을 주걱으로 떠올려 봤을 때 고동색(붉은빛의 갈색)이 나면 완성된 것이지만 이 또한 개인의 취향에 따라 달라질 수 있습니다.

강불로 빠르게 태우는 것도 가능하기는 하지만 적은 양일수록 아주 약한 불로 서서히 가열해야 합니다. 강한 불로 버터를 빠르게 태우면 고소하게 익는 것이 아니라 고형분만 새까맣게 타 버리고 버터의 풍미 또한 잘 느껴지지 않습니다. 약불에서 버터를 끓이다 보면 버터의 유지방과 단백질이 정제 버터처럼 분리되고 표면에 거품이 떠오르면서 고소한 견과류의 풍미가 납니다. 따라서 약불에서 주걱이나 거품기로 천천히 저어 가며 인내심을 가지고 버터를 졸이듯이 태우는 것이 핵심입니다.

버터의 양이 많을수록 뵈르 누아제트를 만드는 시간 또한 많이 소요됩니다. 5kg의 버터를 태운다고 가정했을 때 보통 1시간 30분 정도의 시간이 걸립니다. 완성 온도는 대략 180℃ 정도이기는 하지만 온도에 의존하기보다는 버터를 태우면서 나는 향과 고형분의 색깔을 확인하는 편이 좋습니다. 또 원하는 정도로 완성되었다고 해서 불에서 내리기만

| 뵈르 누아제트

↓

 →  →

하고 바로 식혀 주지 않으면 180℃로 끓여진 버터가 지속적으로 열을 받으면서 결국에는 새까맣게 타 버려 쓸 수 없는 상태가 됩니다. 따라서 완성한 즉시, 냄비째로 얼음물에 담가 잔열로 인해 고형분이 더 이상 타지 않도록 온도를 떨어뜨려 줍니다. 완성한 뵈르 누아제트는 60℃로 식혀 사용합니다.

뵈르 누아제트 섞기

식힌 뵈르 누아제트를 반죽에 2번에 나누어 넣고 섞습니다. 이때 고형분까지 모두 긁어 넣으면 풍미가 더욱 좋습니다. 버터의 온도와 반죽의 온도를 맞추기는 했지만 버터의 양이 많기 때문에 2번에 걸쳐 나누어 넣고 섞습니다. 첫 번째는 뵈르 누아제트의 절반을 넣고 거품기로 약 70% 섞은 다음, 바로 남은 버터를 넣고 온도가 너무 떨어지지 않은 상태로 섞는 작업을 합니다. 이처럼 2번에 나누어 넣는 경우는 40개 이상, 많은 양의 피낭시에를 만들 때입니다. 40개 미만의 소량을 만든다면 한꺼번에 다 넣고 섞어도 괜찮습니다.

뵈르 누아제트를 넣은 뒤에는 거품기로 세차게 섞어 버터와 반죽이 잘 융합될 수 있도록 합니다. 최종 반죽의 온도는 28~30℃ 초반으로 맞춥니다. 반죽의 온도가 너무 낮으면 유화 과정에서 버터가 굳어 반죽이 하얗고 단단해지며 분리가 일어나기 때문에 그렇게 되지 않도록 모든 단계에서 제시한 온도에 맞춰 작업할 것을 권합니다. 반대로 반죽의 온도가 과하게 높다면 처음에는 반죽 속 재료가 잘 섞인 것 같이 보일 수 있지만 시간이 지날수록 풀어지면서 버터가 새어 나와 튀긴 듯 기름진 피낭시에가 됩니다.

버터를 넣은 뒤에는 버터의 유지가 글루텐의 형성을 방해하므로 글루텐 형성을 걱정하지 말고 반죽을 골고루 섞는 것에 집중합니다. 볼의 벽에 반죽이 착 달라붙고 반죽에 윤기가 흐르면 완성된 것입니다. 하지만 유화가 잘 된 이후에도 불필요하게 지속적으로 섞는다면 이 역시 글루텐을 과하게 형성해 질깃한 식감의 피낭시에를 만들 수 있습니다. 유화가 잘 되었다면 주걱으로 볼의 가장자리와 바닥을 긁어 섞이지 않은 부분이 없도록 다시 한 번 섞은 뒤 마무리합니다.

피낭시에 반죽

↓

 →  →

냉장 휴지 관리

지속 가능한 생산의 비밀

4

반죽 보관

반죽을 완성한 뒤에는 밀폐 용기에 옮겨 담고 랩을 밀착시켜 냉장고에서 휴지시킵니다. 반죽에 랩을 밀착시켜야 랩과 반죽 사이에 급격한 온도 변화가 생기면서 생성되는 물이 반죽 위로 떨어지거나 반죽의 일부분이 마르는 것을 방지할 수 있습니다. 또 굽기 전에 반드시 냉장고에서 24시간 동안 휴지시키고 딱 한 차례 섞은 뒤에 사용해야 균일한 피낭시에를 만들 수 있습니다. 마들렌과는 다르게 주걱으로 한 번 섞는 과정을 거쳤다고 해서 2일 이내에 소비해야 하는 것은 아닙니다.

피낭시에에는 베이킹파우더가 들어가지 않기 때문에 주걱으로 반죽을 섞은 후에도 4~5일간 냉장고에서 보관하면 좋은 상태로 반죽을 사용할 수 있습니다. 다만 상온에 너무 오래 꺼내 두거나 냉장고에 넣었다가 상온에 두기를 여러 차례 반복하면 반죽의 상태에 변화가 생겨(가장 흔하게는 분리가 일어납니다) 구운 피낭시에의 볼륨이 작으며 식감이 좋지 않습니다. 따라서 대량으로 만들어 두고 오래 사용할 계획이라면 작은 밀폐 용기에 소분해 나누어 두는 것이 좋습니다. 한번 만들어 둔 반죽은 최대 9일간 냉장고에 보관하며 사용할 수 있습니다. 반죽을 냉동하면 해동하는 과정에서 상태가 많이 달라져 균일한 과자를 생산하기 어려우므로 가급적 반죽을 냉동하는 것은 피하도록 합니다.

5

냉장 휴지

과자방에서는 피낭시에 반죽을 완성하고 24시간 동안 충분히 냉장 휴지를 시킨 후에 오븐에 굽는 것을 원칙으로 하고 있습니다. 냉장 휴지 과정을 거쳐야 반죽 속 밀가루에 수분이 골고루 스며들어 제품이 안정적으로 균일한 모양을 내고 재료의 맛 또한 온전하게 표현됩니다. 반대로 냉장 휴지 시간을 짧게 준 반죽은 24시간 동안 휴지시킨 반죽과 비교했을 때 제품의 볼륨이 작고 많이 부풀지 못한 만큼 속살이 뭉치거나 식감이 축축하게 느껴질 수 있습니다.

마들렌과 마찬가지로 반죽을 비닐 짤주머니에 담아 휴지시키기도 하는데, 그렇게 하면 반죽을 주걱으로 고르게 섞는 작업을 하기가 어렵습니다. 때문에 팬닝하기 직전에 냉장고에서 반죽 짤주머니를 꺼낸 뒤 손으로 주무르면서 고르게 섞는 작업을 반드시 해 주어야 합니다. 소량이라면 크게 문제가 되지는 않겠지만 대량 생산을 하는 제과점이라면 일회용 짤주머니를 지나치게 많이 사용하게 되니 지속 가능한 방법을 찾는 것이 좋습니다.

냉장 휴지를 충분히 시키지 못하고 어쩔 수 없이 12시간 만에 급하게 사용할 경우에는 주걱으로 피낭시에 반죽을 한 번 섞은 다음 팬닝하고 냉동고에서 20분 정도 차갑게 식혔다가 냉장고로 옮겨 10분 정도 눈 나눔 구워 냅니다. 이렇게 구우면 휴시 시간을 짧게 주었어도 적절한 볼륨의 제품을 만들 수 있습니다. 하지만 휴지가 부족한 상태에서 온도에 급격한 변화를 주어 급하게 굽는 것이기 때문에 충분히 휴지를 시킨 반죽보다는 조금 더 부풀고 그만큼 구조가 약해 식감이 다소 부드러운 편입니다.

휴지시키지 않은 반죽

휴지시킨 반죽

휴지시키지 않은 반죽　　　　　휴지시킨 반죽

127

최대한 온도 변화 요소를 차단하는 것이 핵심

6

틀 준비

과자방에서는 피낭시에의 바삭한 식감과 적절한 껍질의 두께를 중요시하기 때문에 철제 틀을 사용하고 있으며 틀 1개에 12개의 피낭시에를 구울 수 있습니다.

피낭시에를 굽기 전, 틀에 녹인 버터(일반 무염 버터, 무염 발효 버터 모두 사용 가능)를 아주 얇게 바릅니다. 버터를 칠하면 피낭시에가 틀에서 잘 떨어지고 버터가 자글자글 끓으면서 버터 속의 단백질이 익어 겉면이 누룽지처럼 바삭해집니다. 또 캐러멜화도 진행되어 더욱 깊은 풍미를 냅니다. 만약 버터를 너무 두껍게 많이 발랐다면 반드시 키친타월을 사용해 닦아 내야 합니다. 버터가 지나치게 많이 발린 상태에서 구우면 피낭시에가 기름진 상태로 완성될 수 있습니다.

버터는 향과 맛을 더하는 식품 코팅제라고 생각하면 됩니다. 실온의 부드러운 버터(포마드)보다 완전히 녹인 버터가 얇게 바르기에 더 편합니다. 하지만 버터는 빠르게 상하는 성질이 있으므로 한번 완전히 녹으면 다시 냉장고에 보관하더라도 소비 기한이 짧아집니다. 따라서 소량씩 녹여 사용하고 남은 버터는 냉장고에 보관해 7일 이내에 사용하도록 합니다. 7일 이내라 하더라도 만약 녹인 버터에서 시큼한 향이 난다면 상한 것이기 때문에 폐기하도록 합니다.

7

팬닝하기

휴지시킨 반죽을 한 번 골고루 섞어 균일한 상태로 만든 뒤에 짤주머니에 담습니다. 저울 위에 틀을 올려 무게를 측정하면서 똑같은 무게로 팬닝합니다. 고온에서 짧은 시간 동안 구워 내는 피낭시에는 반죽의 무게가 같아야 굽는 시간을 일정하게 할 수 있고 완성품도 일정하게 나옵니다. 또 반죽을 높은 곳에서 떨어뜨리듯이 팬닝하기보다는 바닥에 눌러 채우듯이 팬닝하는 편이 균일한 제품을 생산하는 데 용이합니다.

또한 반죽을 아이스크림이라고 생각하고 냉장고에서 반죽을 꺼낸 즉시 빠르게 팬닝하고 다시 냉장고에 넣어야 합니다. 피낭시에 반죽은 버터가 많이 들어간 만큼 지방의 함량도 높기 때문에 온도 변화에 취약해 분리가 쉽게 일어납니다. 따라서 팬닝할 때도 손에 목장갑을 껴 체온으로 인해 반죽이 변질되지 않도록 유의하는 등 반죽이 최대한 온도의 변화를 겪지 않도록 하는 것이 좋습니다.

8 냉각하기

팬닝을 마친 피낭시에 틀을 그대로 냉장고에 넣어 약 15분 정도 차갑게 식힙니다. 토핑을 올리는 피낭시에는 토핑을 올린 뒤 냉장고에 넣어 반죽의 표면 온도가 10~13℃가 되도록 식힙니다. 피낭시에는 오로지 재료의 힘으로만 볼륨을 키우기 때문에 미지근한 상태보다는 차가운 상태로 구울 때 오븐 안에서 반죽이 가진 힘을 최대한 발현시킬 수 있습니다. 오븐에 들어간 차가운 피낭시에 반죽은 틀에 닿는 겉면부터 껍질을 빠르게 형성하며 익기 시작합니다. 반면 가운데 부분은 천천히 익으면서 조금씩 부풀어 올라 봉긋하게 볼륨을 형성하는데 저희는 이를 피낭시에 배꼽이라고 부릅니다.

만약 차갑게 식히지 않은 상온의 반죽을 구우면 겉면과 중앙 부분 모두 차갑게 식힌 반죽에 비해 더 빠르게 구워지면서 겉껍질을 빠르게 형성해 드라마틱한 배꼽을 만들기는 어렵습니다. 대신 덜 부풀어 오른 만큼 제품의 밀도는 조금 더 높아지고 껍질이 조금 더 두꺼워집니다.

9 예열하기

피낭시에 반죽을 식히는 동안 피낭시에 틀을 놓을 수 있는 그릴을 미리 넣고 오븐을 켜 예열 온도를 맞춥니다. 특히 구움과자는 굽는 단계에서 많은 부분이 완성되기 때문에 오븐의 예열이 중요합니다. 만약 제대로 예열이 되지 않은 오븐에 피낭시에 반죽을 넣고 구우면 제대로 구워지지 못 하고 따뜻한 온도에서 반죽 속 버터가 새어 나와 튀기듯 구워집니다. 겉은 너무 단단하고 볼륨은 작은, 질깃한 식감의 피낭시에가 되는 것입니다. 디지털식 오븐을 사용해 현재 오븐 속의 온도를 정확하게 파악 할 수 있다면 가장 좋겠지만 만약 여의치 않다면 오븐 안쪽에 오븐 전용 온도계를 넣어 정확한 온도까지 예열해 주세요.

10

굽기

미세한 차이에도 모양과 식감이 크게 달라지는 피낭시에

냉장고에서 차갑게 식힌 피낭시에를 꺼내 구울 준비를 합니다. 최대한 온도의 변화를 줄 수 있는 요소들을 차단하여 굽는 것이 핵심입니다. 실리콘 몰드를 사용하는 마들렌과는 다르게 단단한 틀을 사용하므로 그릴을 미리 넣은 상태로 예열합니다. 따로 팽창제를 넣지 않은 피낭시에의 특성상, 오븐 속에 수증기가 가득 차면 증기의 압력으로 인해 피낭시에가 제대로 부풀기 어려울 수 있습니다. 그러므로 오븐 속에서 반죽이 한창 수분을 뿜어내며 솟아오를 때 오븐 문을 한 번 열어 수증기를 빼 주면 훌륭한 식감을 가진 피낭시에를 만들 수 있습니다. 오븐 문은 최대한 빠르게 열고 빠르게 닫아야 열 손실을 최소화해 제품을 일정하게 구워 낼 수 있습니다.

우녹스 오븐으로 피낭시에 굽기

실제 과자방에서 사용하는 피낭시에 굽기 표

실제 과자방에서 매일 아침 컨벡션 오븐에 피낭시에를 구울 때 사용하는 표입니다. 아주 미세한 차이에도 모양과 식감이 크게 달라지는 것이 구움과자인데 그중에서도 특히 피낭시에는 차이가 많이 납니다. 이 표를 기준 삼아, 각자 가지고 있는 오븐을 활용해 예열 온도 및 굽는 온도를 테스트해 보세요. 이 표는 우녹스(UNOX) 컨벡션 오븐 기준이며 비슷한 출력과 바람 세기를 가진 에카(EKA)의 오븐에도 적용할 수 있습니다.

피낭시에 틀의 수	예열 온도	굽는 온도	시간
4개 미만	200℃	160℃	2~3분 → 증기 빼기 → 6분 → 9분
4개	200℃	160℃	3분 → 증기 빼기 → 6분 → 11분
6개	220℃	165℃	4분 → 증기 빼기 → 6분 → 11분
7~8개(최대)	240℃	165℃	4분 → 증기 빼기 → 7분 → 11분

그릴을 오븐에 넣고 함께 예열하기

피낭시에 틀 7~8개(최대)를 기준으로 설명하겠습니다. 피낭시에 반죽을 팬닝한 뒤 냉장고에 피낭시에 틀을 넣습니다. 오븐 문을 열고 그릴을 넣은 다음 오븐 문을 닫고 오븐의 예열 온도를 240℃로 설정한 뒤 그릴과 오븐 모두 예열합니다. 예열이 충분히 되면 오븐 문을 열고 재빠르게 팬닝한 피낭시에 틀을 넣은 뒤 문을 닫고 굽기 시작합니다.

4분 내에 오븐 온도가 190℃로 올라오는지 확인합니다. 이때 4분이 채 되기 전에 온도가 190℃가 되었다면 굽는 온도인 165℃로 온도를 내려 4분을 채워 굽습니다. 보통은 틀 4개 미만의 적은 양을 구울 때 표에 기재된 2~3분보다 빨리 190℃에 도달하기도 합니다. 하지만 반대로 4분 내에 190℃로 온도가 오르지 않을 것 같으면 오븐 온도를 더 높게 올려 4분 안에 190℃에 도달하도록 합니다.

이제 4분의 베이킹이 끝났다는 알림이 울리고 오븐 온도가 190℃로 오르면 오븐 온도를 굽는 온도인 165℃로 설정하고 오븐 문을 살짝 열어 오븐 속에 가득 찬 수증기를 한 번 빼 줍니다. 이때 오븐 문을 열면 수증기가 바로 쏟아져 나오니 증기에 화상을 입지 않도록 주의합니다. 양이 많을수록 수증기의 양도 상당히 늘어납니다. 조금 떨어져서 오븐 문을 열고 증기가 빠져 나가는 2~3초 동안만 기다렸다가 다시 빠르게 문을 닫아 오븐의 온도가 크게 변하지 않도록 합니다. 오븐 문을 닫고 알람을 7분으로 맞추어 더 굽습니다.

틀의 위치를 바꿔 주며 균일하게 굽기

피낭시에가 총 11분 구워지면 긴팔 상의에 오븐 장갑을 준비합니다. 오븐 문을 열고 모든 피낭시에 틀의 앞뒤를 바꿔 주면서 단도 바꾸어 줍니다. 틀을 돌리는 과정은 피낭시에를 균일하게 굽기 위한 작업으로 어느 위치에 있든지 구움색이 균일하게 나는 오븐을 사용하고 있다면 생략해도 됩니다. 틀을 전체적으로 돌리고 위치를 바꾸었다면 다시 오븐 문을 닫고 11분 더 추가로 굽습니다. 이때 오븐 문을 열고 틀을 돌리는 과정에서 너무 오랫동안 문을 열어 두면 제품의 볼륨이 푹 꺼져 최종 결과물에 차이가 날 수 있으니 신속하게 작업합니다.

마지막 11분이 지났음을 알리는 알람이 울리면 피낭시에를 총 22분 동안 구운 것입니다. 오븐 문을 열기 전에 원하는 만큼 구움색이 났는지 오븐 창을 통해 확인합니다. 색이 조금 밝은 것 같다면 오븐 문을 열지 말고 1~2분 더 추가로 굽습니다. 대개 이쯤이면 오븐 문을 열어도 괜찮습니다. 만약 내가 가지고 있는 오븐의 출력이 강한 편이라면 마지막 단계에서 3분 정도 줄여 타이머를 8분으로 맞추고 피낭시에의 색을 확인한 뒤에 마무리합니다.

스메그 오븐으로 피낭시에 굽기

소음이 적은 오븐으로 조금씩, 자주

스메그(SMEG) 오븐으로 피낭시에를 구울 수 있는 표를 추가합니다. 우녹스 오븐과는 출력과 바람 세기가 달라서 완벽하게 같은 모양으로 구워지지는 않지만 충분히 훌륭한 피낭시에를 만들 수 있습니다. 스메그 오븐은 소음이 거의 없어 카페를 운영하는 시간에도 사용하기 좋습니다. 틀 2개(피낭시에 24개) 혹은 그 이하로 구울 때 적합하기 때문에 조금씩 자주 굽는 것이 좋습니다.

피낭시에 틀의 수	예열 온도	굽는 온도	시간
1개	220℃	180℃	1분 → 10분 → 11분
2개	220℃	180℃	2분 → 10분 → 11분
3개(최대)	220℃	180℃	2분30초 → 10분 → 11분

마들렌과는 달리 피낭시에는 반죽만 잘 만들면 조금은 더 편안한 마음으로 쉽게 구울 수 있다는 장점이 있습니다. 대신 적절한 온도에서 잘 익히는 것이 핵심입니다. 틀 1개(피낭시에 12개)를 굽는다고 가정합시다. 오븐에 그릴을 먼저 넣고 예열을 시작합니다. 220℃로 예열한 오븐 문을 열고 피낭시에 틀을 넣은 다음 1분 동안 굽습니다. 1분이 지나면 굽는 온도인 180℃로 온도를 낮추어 10분 동안 굽습니다. 피낭시에가 구워지는 냄

새가 스멀스멀 올라와 가득차기 시작합니다. 10분이 지나 알람이 울립니다. 오븐 장갑을 착용하고 옷소매를 내린 뒤 오븐 문을 열어 팬의 앞뒤를 돌리고 11분 동안 더 굽습니다. 오븐에서 꺼내기 전 원하는 정도로 구움색이 났는지 창을 통해 확인하고 문을 열어 꺼냅니다.

틀 2개 또는 3개로 굽는 양이 늘어날 때는 굽는 시간이 조금 더 늘어납니다. 작은 용량의 오븐에 제품을 많이 넣을 때는 그만큼 굽는 시간을 길게 해야 내가 원하는 상태로 구울 수 있습니다. 우녹스 오븐에서 구운 것과 스메그 오븐에서 구운 피낭시에는 모양은 조금 다르지만 맛이나 식감에는 큰 차이는 없습니다. 다만 스메그 오븐에 구울 때는 색을 내기 위해 기재한 시간보다 지나치게 오래 굽지 않도록 하고 대신 오븐의 온도를 조절해 주는 편이 좋습니다.

11 식히기

다 구워진 피낭시에는 틀에서 즉시 빼서 식혀야 사방이 공기 중에 노출되어 빠르게 식으면서 겉껍질이 더욱 바삭해집니다. 만약 뜨거운 틀 안에 피낭시에를 그대로 두고 식힌다면 뿜어져 나온 수증기로 인해 피낭시에와 틀 사이에 이슬이 맺혀 식감이 바삭하지 않고 눅눅해집니다.

피낭시에는 마들렌에 비해 굽는 시간도 길고 전체적으로 단단한 편이며 겉껍질도 두껍기 때문에 깨끗하게 소독한 그릴 위에 틀을 뒤집어 피낭시에를 꺼낸 뒤, 바로 다시 하나하나 정면으로 뒤집어 식힙니다. 이렇게 하더라도 피낭시에 모양이 망가지거나 무너지지 않습니다. 다만 뒤집어 뒤엉킨 채로 두면 따뜻한 과자끼리 서로 눌어붙어 모양이 망가지고, 그릴에 엎어 둔 채로 방치하면 그대로 그릴 자국이 남게 되므로 주의합니다.

토핑을 올려 구운 경우에는 윗면이 망가지지 않도록 스페튤러 등을 사용해 하나씩 꺼내는 것이 좋습니다. 구워져 나온 피낭시에를 직접 만질 때는 목장갑을 2~3겹 착용한 뒤 목장갑 위에 다시 큰 사이즈의 라텍스 장갑을 덧대어 착용하면 안전하면서노 위생적으로 작업할 수 있습니다.

언제 어떻게 먹는 것이 좋을까

구운 당일 충분히 식혀서

마들렌과 달리 피낭시에는 대체적으로 구운 당일이 더 맛있게 느껴집니다. 여기서 맛있다고 느끼는 것에는 식감이 크게 관여합니다. 아침에 구워 반나절 정도 충분히 식힌 피낭시에는 겉은 바삭하고 속은 촉촉하며 향긋한 버터 풍미가 가득합니다.

피낭시에는 버터 함량이 높아 오븐에서 갓 나온 것을 먹으면 오히려 기름지게 느껴지고, 견과류의 고소한 맛이 충분히 느껴지지 않기 때문에 가급적 완벽히 식힌 후에 먹는 것이 좋습니다. 매장에서 추가 생산을 할 때도 생산 자체는 빠르게 할 수 있지만 피낭시에가 70% 이상 충분히 식어야 판매가 가능합니다. 만약 어쩔 수 없이 미온의 피낭시에를 판매하는 경우에서는 포장지를 살짝 열어 김이 서리지 않도록 포장하고 손님께는 1~2시간이 지난 뒤에 먹으면 더 맛있게 드실 수 있다고 안내합니다.

보통 과자를 포장하거나 밀폐 용기에 담아 두면 과자가 지니고 있는 수분이 과자의 겉면까지 고르게 퍼지면서 바삭한 식감이 서서히 사라지게 되는데 이때 맛있게 구성한 피낭시에 레시피가 더욱 빛을 발하게 됩니다. 시간이 지나면서 바삭함은 사라지지만 조금 더 잘 어우러진 식감을 느낄 수 있고, 서늘하게 잘 보관해 두었다면 고소한 견과류 풍미와 버터 풍미를 충분히 느낄 수 있을 것입니다. 피낭시에는 유지 함량이 높은 편이기 때문에 청량감을 주는 아이스 음료나 아이스커피, 또는 입안을 깔끔하게 정리해 주는 느낌의 레드와인과 함께 즐기면 더욱 맛있게 먹을 수 있습니다.

온도와 습도 조절에 유의

피낭시에는 약 18~25℃ 정도의 시원하게 느껴지는 실온에서 보관하는 것이 가장 좋습니다. 또 습도가 높은 환경보다는 건조한 곳에서 보관하는 것이 바삭한 식감을 유지하는 데 유리합니다. 버터 함량이 높아 여름철에 후덥지근한 곳에서 보관할 경우, 반죽 속 다량의 유지가 도드라져 식감이 축축하고 기름지게 느껴질 수 있습니다. 이럴 때는 냉장고에 30분 정도 넣어 두었다가 꺼내어 찬기가 조금 가시고 나서 먹는 것이 좋습니다.

마들렌은 여름철에도 식감에 큰 문제가 없지만 피낭시에를 판매하는 업장이라면 여름철, 특히 장마철에 매장 습도와 온도를 잘 관리해야 균일한 품질의 피낭시에를 판매할 수 있습니다. 과자방에서는 사계절 내내 제품 쇼케이스 근처에 제습기를 틀어 두어 습도를 조절하고 피낭시에 진열대 아래쪽에도 습기 제거제를 깔아 둡니다. 또 피낭시에를 진열할 때는 사방으로 공기가 통하는 그릴을 활용해 어느 한 부분도 눅눅해지지 않도록 하고 있습니다.

만약 피낭시에를 당일에 먹을 수 없다면 식품 용지에 포장하거나 밀폐 용기에 담아 서늘한 상온에 보관합니다. 이렇게 하면 3일 동안 보관이 가능합니다. 글라세를 발라 코팅한 피낭시에라면 7일까지도 맛있게 먹을 수 있습니다. 단, 겨울처럼 건조한 계절에는 지나치게 건조해지지 않도록 세심한 주의를 기울여야 합니다. 건조하게 보관할 경우 지나치게 단단해지고 질깃한 식감을 가지게 되어 맛있다고 느끼긴 어려울 것입니다.

냉동 보관해도 괜찮아요

피낭시에는 버터와 견과류 함량이 높기 때문에 냉동했다가 해동해 먹어도 맛에 차이가 거의 없다는 장점이 있습니다. 물론 당일에 구운 피낭시에 겉면의 바삭한 식감은 사라지지만 지방 함량이 높은 덕분에 냉동한 뒤 완전히 해동하지 않은 차가운 상태로 먹으면 쫀득한 식감이 도드라집니다. 하지만 한 번 냉동했던 피낭시에는 냉동하지 않은 제품과 비교했을 때, 해동되면서 버터와 견과류에서 느낄 수 있는 풍미의 일부가 미묘하게 사라집니다. 또 완벽히 해동을 하지 않고 차가운 상태로 먹으면 쫀득한 식감이 도드라집니다. 하지만 마찬가지로 풍부한 유지방의 맛과 고품질의 견과류 풍미를 온전히 느낄 수 없습니다.

냉동 보관을 했을 경우에는 섭취하기 1~2시간 전에 실온에 꺼내 두어 완벽히 해동시킨 뒤에 먹어야 비교적 냉동하기 전과 유사한 품질의 맛을 느낄 수 있습니다. 냉동 보관을 할 때는 냉동실 냄새가 과자에 배지 않도록 반드시 지퍼백이나 밀폐 용기에 2번 정도 감싸 보관하고 2주 이내에 소비할 것을 권장합니다. 오븐을 활용할 수 있다면, 냉동 상태의 피낭시에를 30분가량 실온에 두어 해동한 뒤 160℃ 오븐에서 3분간 다시 굽고 그릴로 옮겨 실온에서 2시간가량 충분히 식히면 바삭한 식감이 살아나 맛있게 먹을 수 있습니다.

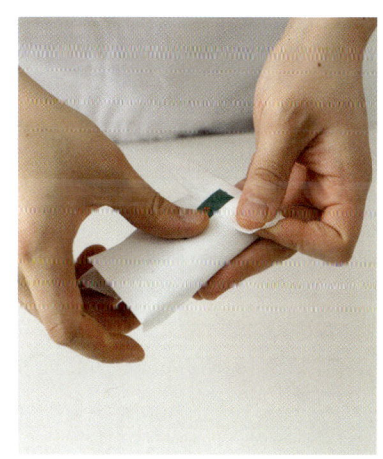
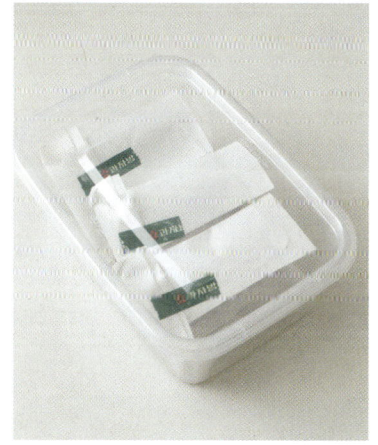

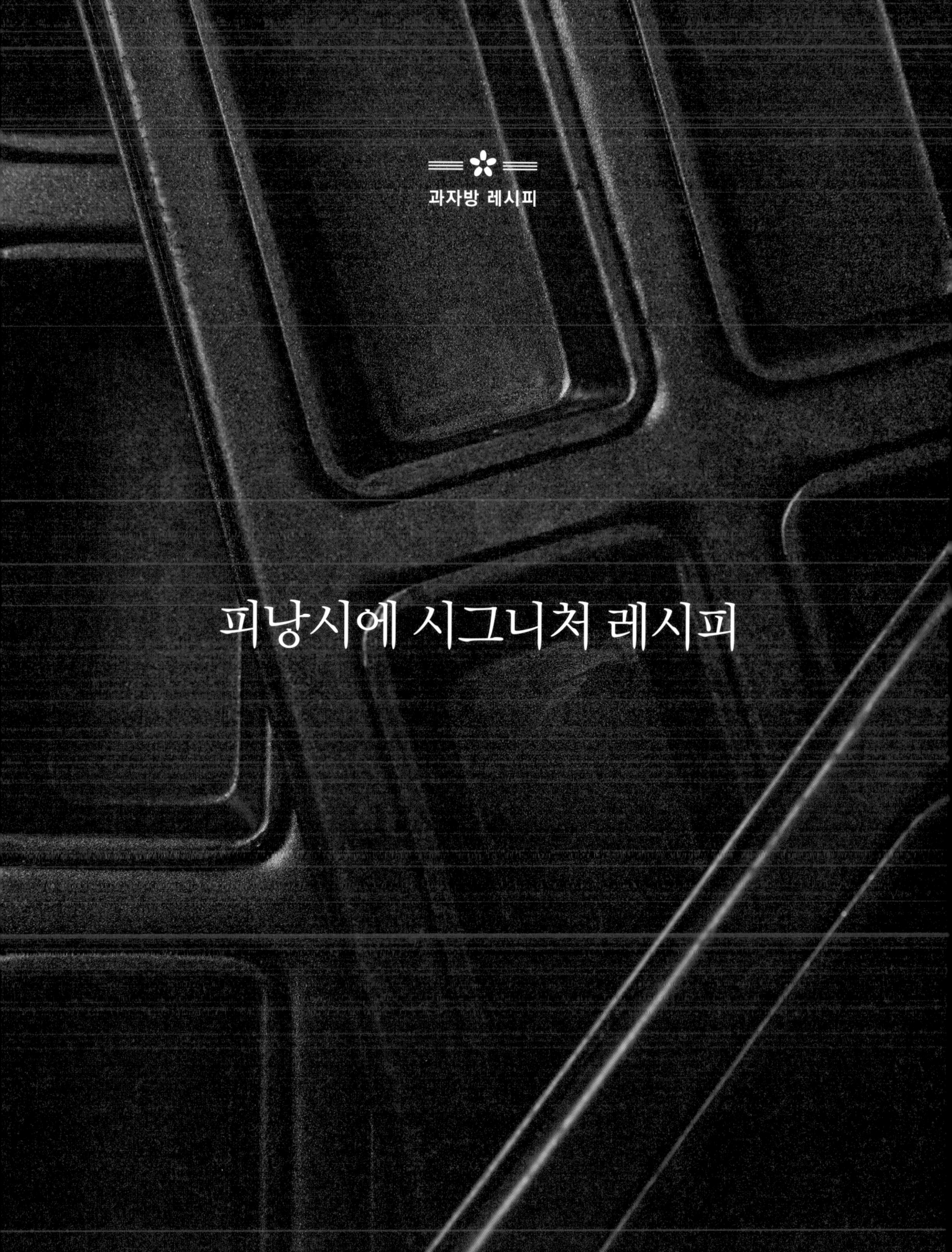

과자방 레시피

피낭시에 시그니처 레시피

피낭시에 레시피

✳ 플레인

버터 플레인
피낭시에

출시 이래 어떠한 변화를 주지 않아도 쭉 한자리를 지키고 있는 기본 피낭시에입니다. 피낭시에를 만들 때는 어떤 버터를 사용해 어떤 방식으로 '뵈르 누아제트'를 만들어 버터 풍미를 최대한 끌어올릴 것인가를 가장 많이 고민합니다. 여러 테스트를 반복한 끝에 프랑스산 무염 발효 버터를 선택해 만들었습니다. 어떤 브랜드의 버터를 사용해도 좋습니다. 선택하는 버터에 따라 다양한 맛의 피낭시에를 만들 수 있다는 점이 이 레시피의 장점입니다. 또 버터 플레인 피낭시에 반죽으로 4가지 피낭시에를 더 만들 수 있습니다. 피낭시에의 견과류 풍미를 유지하기 위해 견과류와 잘 어울리는 재료와 견과류 토핑을 활용했습니다.

좀 더 알아 보기

바닐프로 200

설탕 시럽에 천연 바닐라 추출물을 넣어 만든 프랑스 프로바(PROVA)의 바닐라 향료(에센스)입니다. 진한 바닐라 향을 지녀 바닐라 빈이 들어가지 않는 레시피에 소량 첨가하면 은은하고 포근한 풍미를 낼 수 있습니다. 상온 보관이 가능합니다.

무염 발효 버터

이즈니, 엘엔비르, 페이상, 프레지덩, 레스큐어 등 많은 브랜드의 발효 버터가 있습니다. 원유에 발효균을 넣어 특색 있는 풍미를 지니며 완성된 제품에서도 그 향을 느낄 수 있습니다. 제품별로 풍미와 향, 수분 함량 등이 조금씩 다르기 때문에 어떤 버터를 선택하느냐에 따라 피낭시에의 풍미가 묘하게 달라지는 재미를 발견할 수 있습니다. 반드시 프랑스산 버터를 선택할 필요는 없고, 좋아하거나 혹은 편하게 구할 수 있는 합리적인 가격대의 버터를 고르면 됩니다.

139

12개 분량

A 뵈르 누아제트

발효 버터 144g

B 버터 플레인 피낭시에

┌ 흰자 144g
│ 트리몰린 12g
│ 설탕 132g
│ 바닐라 에센스 2.4g
│ ▶ 프로바 바닐프로 200
│ 소금 1.2g
│ 프랑스 밀가루 T55 58g
│ 아몬드파우더 51g
└ 헤이즐넛파우더 28g

A 뵈르 누아제트 `p.124 참고`

1 냄비에 발효 버터를 넣고 가열해 뵈르 누아제트를 만듭니다.

B 버터 플레인 피낭시에

2 볼에 흰자, 트리몰린, 설탕, 바닐라 에센스를 모두 넣고 거품기로 저으면서 중탕으로
25℃까지 온도를 올립니다.

3 함께 체 친 소금, 프랑스 밀가루 T55, 아몬드파우더, 헤이즐넛파우더를 넣고 덩어리지지
않도록 빠르게 섞어 줍니다.

4 날가루가 사라지면 반죽에서 윤기가 나고 반죽을 들어 올렸을 때 끊기지 않고 부드럽게
떨어질 때까지 15~20번 더 믹싱하고 반죽의 온도가 25℃인지 확인합니다.
팁▶만약 15~20번 더 믹싱했는데도 들어 올렸을 때, 뚝뚝 끊기듯이 떨어진다면 조금 더 섞어
줍니다.

5 A(뵈르 누아제트)의 온도를 60℃로 맞추고 반죽에 2번 나누어 넣습니다. 뵈르 누아제트 절반을 넣고 거품기로 유화시킨 뒤 절반 이상 섞이면 남은 뵈르 누아제트를 넣고 다시 한 번 빠르게 유화시킵니다.

6 볼 벽에 반죽이 착 붙을 정도로 유화가 잘 되었다면 주걱으로 볼의 바닥과 벽을 긁어 전체적으로 균일한 상태가 되도록 섞습니다(반죽 온도 29~32℃).

7 밀폐 용기에 담아 랩을 밀착시킨 후 냉장고에서 24시간 동안 휴지시킵니다.

8 반죽을 꺼내어 주걱으로 잘 섞은 뒤 짤주머니에 담습니다.

9 버터(분량 외)를 칠한 틀에 42g씩 짜 넣고 냉장고에서 15분 동안 차갑게 식힙니다.

10 그릴을 넣어 200℃로 예열한 오븐에서 2~3분 동안 굽다가 160℃로 온도를 낮추고 오븐 문을 열어 증기를 뺀 뒤 15분 더 굽습니다. `p 130 참고`
[2~3분(증기 빼기) → 6분(틀 앞뒤 돌려 주기) → 9분]

11 오븐에서 꺼내자마자 틀을 뒤집어 피낭시에를 꺼낸 뒤 그릴 위에 바로 놓아 완전히 식힙니다.

피낭시에 레시피

✳ **버터 플레인 피낭시에 응용**

헤이즐넛 피낭시에

헤이즐넛파우더와 아몬드파우더가 듬뿍 들어긴 미디 플레인
피낭시에 반죽에 헤이즐넛을 올린 고급스러운 맛의 피낭시에입니다.
캐러멜을 만들어 구운 헤이즐넛을 버무린 다음, 큼지막하게 부숴
토핑으로 올리면 오븐에서 캐러멜이 녹으면서 풍미가 깊어져 전혀
다른 맛의 피낭시에가 완성됩니다.

좀 더 알아보기

헤이즐넛

제과에서 특히 많이 사용하는 견과류 중 하나로 오일 함유량이 높아 고소하고 부드러운 식감이 특징입니다. 홀 형태, 파우더 형태 또는 곱게 갈아 페이스트 형태로 사용합니다. 살짝 구운 뒤 토핑으로 사용하면 견과류의 고소한 향이 입안에서 팡팡 터지면서 풍미가 아주 좋습니다. 파우더 형태로 만들어 마들렌, 피낭시에, 파운드케이크 등에 활용하거나 페이스트 형태로 만들어 밀크초콜릿, 다크초콜릿과 함께 사용합니다. 하지만 헤이즐넛파우더 함량을 지나치게 높이면 자칫 제품의 오일 함유량이 크게 올라가 과자가 많이 퍼지거나 기름지게 느껴질 수 있으니 적절히 활용하여 풍미를 살리는 것이 좋습니다.

143

12개 분량

A 버터 플레인 피낭시에 반죽

버터 플레인 피낭시에 12개 분량

▶p.140 참고

B 캐러멜라이즈드 헤이즐넛

헤이즐넛	120g
물	12g
설탕	60g

A 버터 플레인 피낭시에 반죽

1 p.140을 참고해 버터 플레인 피낭시에 반죽을 만들고 휴지시켜 둡니다.

B 캐러멜라이즈드 헤이즐넛

2 베이킹팬에 헤이즐넛을 펼쳐 넣고 160℃ 오븐에서 15~18분 동안 밝은 갈색이 될 때까지 구워 줍니다.

3 냄비에 물을 먼저 넣은 뒤 설탕을 넣고 170℃까지 가열해 밝은 갈색 캐러멜을 만듭니다.

팁▶ 설탕의 양에 비해 물이 적기 때문에 물을 먼저 냄비 바닥에 깔아 설탕이 뭉치지 않게 합니다. 물을 넣는 캐러멜 레시피의 경우 작업이 수월하나 원하는 캐러멜 색이 될 때까지 절대로 휘젓지 않아야 합니다. 휘저을 경우 설탕이 재결정화 되어 하얗게 뭉치면서 매끄러운 캐러멜을 만들기 어렵습니다.

4 구운 헤이즐넛을 3의 캐러멜에 넣고 내열 주걱을 사용해 버무립니다.

5 테프론 시트를 깐 베이킹팬 위에 펼쳐 놓고 다시 테프론 시트를 얹어 오븐 장갑을 낀 손으로 꾹꾹 눌러 균일한 두께로 평평하게 만듭니다.

6 완전히 식힌 뒤 몽시나 쌀수버니 능에 남아 빌내보 부수고 밀폐 용기에 담아 보관합니다.

마무리

7 버터(분량 외)를 칠한 틀에 A(버터 플레인 피낭시에 반죽)를 42g씩 짜 넣고 B(캐러멜라이즈드 헤이즐넛) 적당량을 올립니다.

8 냉장고에서 15분 동안 차갑게 식힙니다.

9 그릴을 넣어 200℃로 예열한 오븐에서 2~3분 농안 굽다가 160℃로 온도를 낮추고 오븐 문을 열어 증기를 뺀 뒤 15분 더 굽습니다. p.130 참고

[2~3분(증기 빼기) → 6분(틀 앞뒤 돌려 주기) → 9분]

10 오븐에서 꺼내자마자 스패튤러로 피낭시에를 들어 올려 꺼낸 뒤 그릴 위에서 완전히 식힙니다.

피낭시에 레시피

 **버터 플레인 피낭시에 응용**

흑당 시나몬
피낭시에

2020년 가을에 탄생한 제품입니다. 가을이 되면 살짝 가라앉은
듯히면서도 선선한 바람이 부는 날이 있습니다. 왠지 모르겠지만
그런 날씨에 만나는 향신료는 설레입니다. 가을에 잘 어울린다
생각해 처음엔 '단풍 피낭시에'라는 이름으로 출시했는데, 열 명
중 아홉 명의 손님이 "메이플시럽이 들어간 피낭시에냐"라고 묻는
바람에 이름을 바꾸었습니다. 계속되는 오해로 제품명을 바꾸고서도
'단풍'이라는 이름을 못 써 약간은 아쉬웠던 피낭시에입니다.
심플하지만 특유의 매력으로 많은 마니아층을 가지고 있습니다.

좀 더 알아보기

마스코바도
비정제 설탕으로 흑당으로도 불립니다. 다
량의 무기질을 함유하고 있어 제품에 사용
하면 특유의 감칠맛과 은은한 단맛을 낼 수
있습니다.

A 버터 플레인 피낭시에

발효 버터	144g
흰자	144g
트리몰린	12g
설탕	132g
바닐라 에센스	2.4g
▶ 프로바 바닐프로 200	
소금	1.2g
프랑스 밀가루 T55	58g
아몬드파우더	51g
헤이즐넛파우더	28g

B 흑당 글라세

마스코바도	180g
물	43g
계핏가루	0.7g

A 버터 플레인 피낭시에 `p.140 참고`

1 냄비에 발효 버터를 넣고 가열해 뵈르 누아제트를 만듭니다.

2 볼에 흰자, 트리몰린, 설탕, 바닐라 에센스를 모두 넣고 거품기로 저으면서 중탕으로 25℃까지 온도를 올립니다.

3 함께 체 친 소금, 프랑스 밀가루 T55, 아몬드파우더, 헤이즐넛파우더를 넣어 덩어리지지 않도록 빠르게 섞습니다. 날가루가 사라지면 반죽에서 윤기가 나고 반죽을 들어 올렸을 때 끊기지 않고 부드럽게 떨어질 때까지 15~20번 더 믹싱한 뒤 반죽의 온도가 25℃인지 확인합니다.

4 뵈르 누아제트의 온도를 60℃로 맞춰 반죽에 2번 나누어 넣고 믹싱해 볼 벽에 반죽이 붙을 정도로 유화가 잘 되었다면 주걱으로 볼의 바닥과 벽을 긁어 전체적으로 균일한 상태가 되도록 섞어 줍니다(반죽 온도 29~32℃).

5 냉장고에서 24시간 동안 휴지시킨 뒤 주걱으로 잘 섞어 짤주머니에 담습니다.

6 버터(분량 외)를 칠한 틀에 42g씩 짜 넣고 냉장고에서 15분 동안 차갑게 식힌 뒤 200℃로 예열한 오븐에서 2~3분, 160℃로 온도를 낮추고 오븐 문을 열어 증기를 뺀 뒤 15분 더 굽고 식힙니다.

7-1

7-2

8-1

8-2

9

B 흑당 글라세

7 볼에 모든 재료를 넣고 잘 섞어 줍니다.

> **팁▶** 사용하고 남은 글라세는 하루 동안 상온 보관해 사용할 수 있습니다.

마무리

8 A(버터 플레인 피낭시에) 바닥 부분을 B(흑당 글라세)에 담가 얇게 한 겹 묻힙니다.

9 테프론 시트를 깐 베이킹팬에 올려 125℃ 오븐에서 1분 30초 동안 굽고 식입니다.

> **팁▶** 글라세가 얇은 편이기 때문에 굽는 시간을 1분 30초로 짧게 굽습니다. 스메그 오븐을 사용할 경우 3분 동안 구워 줍니다.

피낭시에 레시피

🌸 버터 플레인 피낭시에 응용

소금 초코
피낭시에

2019년도 겨울에 탄생한 피낭시에로 과자방의 시그니처 제품입니다.
현재도 그렇지만 당시에는 소금을 디저트 위에 또렷이 보이도록
토핑으로 쓰는 것이 꽤나 과감한 시도였습니다. 피낭시에의 배꼽
쪽에 품질 좋은 다크초콜릿을 템퍼링하여 바르고, 소금을 일렬로
곱게 뿌려 완성합니다. 소금 초코 피낭시에를 개발하고 입소문이
나기 시작하면서, 아무도 지나다니지 않던 구석진 작은 작업실
앞에 처음으로 소금 초코 피낭시에를 구매하기 위한 대기줄이
생기기 시작했습니다. 아직도 문 앞에서 기다리던 고객들의 모습이
선명히 기억납니다. 이후로 소금 초코 피낭시에는 내중적으로 큰
사랑을 받으며 많은 곳에서 다양한 모습으로 출시되고 있습니다.
맛있는 디저트의 대명사가 된 소금 초코가 있어 지금의 과자방이
있다고 생각합니다. 고맙고 감사한 제품을 소개하게 되어 감회가
새롭습니다.

좀 더 알아보기

발로나 과나하 70%
어떤 다크초콜릿을 사용해도 무방하지
만 품질이 좋은 다크 커버추어 초콜릿 사
용을 권장합니다. 과자방에서는 발로나
(Valrhona)의 과나하를 사용하고 있습니
다. 코코아 함량이 70%에 달하는 다크초
콜릿으로 강렬한 쓴맛과 부드러운 단맛, 그
리고 말린 붉은 과실의 향이 은은하게 함께
느껴져 피낭시에처럼 버터를 많이 넣는 제
품에 사용하면 초콜릿의 여러 향이 제품에
잘 어우러집니다.

12개 분량

A 버터 플레인 피낭시에

발효 버터	144g
흰자	144g
트리몰린	12g
설탕	132g
바닐라 에센스	2.4g
▶ 프로바 바닐프로 200	
소금	1.2g
프랑스 밀가루 T55	58g
아몬드파우더	51g
헤이즐넛파우더	28g

B 초콜릿 템퍼링

다크초콜릿	적당량
▶ 발로나 과나하 70%	

마무리

소금	적당량

3

4

6

A 버터 플레인 피낭시에　p.140 참고

1　냄비에 발효 버터를 넣고 가열해 뵈르 누아제트를 만듭니다.

2　볼에 흰자, 트리몰린, 설탕, 바닐라 에센스를 모두 넣고 거품기로 저으면서 중탕으로
　　25℃까지 온도를 올립니다.

3　함께 체 친 소금, 프랑스 밀가루 T55, 아몬드파우더, 헤이즐넛파우더를 넣어 덩어리지지
　　않도록 빠르게 섞습니다. 날가루가 사라지면 반죽에서 윤기가 나고 반죽을 들어 올렸을
　　때 끊기지 않고 부드럽게 떨어질 때까지 15~20번 더 믹싱한 뒤 반죽의 온도가 25℃인지
　　확인합니다.

4　뵈르 누아제트의 온도를 60℃로 맞춰 반죽에 2번 나누어 넣고 믹싱해 볼 벽에 반죽이 착
　　붙을 정도로 유화가 잘 되었다면 주걱으로 볼의 바닥과 벽을 긁어 전체적으로 균일한 상태가
　　되도록 섞어 줍니다(반죽 온도 29~32℃).

5　냉장고에서 24시간 동안 휴지시킨 뒤 주걱으로 잘 섞어 짤주머니에 담습니다.

6　버터(분량 외)를 칠한 틀에 42g씩 짜 넣고 냉장고에서 15분 동안 차갑게 식힌 뒤 200℃로
　　예열한 오븐에서 2~3분, 160℃로 온도를 낮추고 오븐 문을 열어 증기를 뺀 뒤 15분 더 굽고
　　틀에서 빼 식힙니다.

소금이 녹지 않은 상태　소금이 녹은 상태

B 초콜릿 템퍼링

7 초콜릿 봉투에 적혀 있는 템퍼링 가이드에 따라 다크초콜릿을 템퍼링하고 온도를 30℃로 맞추어 사용합니다.

　팁▶ 자세한 초콜릿 템퍼링 방법은 p.78을 참고하세요.

8 A(버터 플레인 피낭시에)가 25℃로 식으면 윗면을 템퍼링한 초콜릿에 담그고 초콜릿이 너무 두껍게 코팅되지 않도록 손으로 적당히 긁어냅니다.

마무리

9 완전히 굳기 전 매트한 질감으로 바뀌기 시작할 때 윗면에 소금을 뿌리고 굳힙니다.

　팁▶ 초콜릿이 액체 상태일 때 소금을 뿌리면 소금이 초콜릿에 흡수되어 보이지 않습니다. 따라서 초콜릿이 완전히 굳지 않았지만 아직 접착성이 있는 상태일 때 올려야 소금이 녹지 않은 상태로 붙어 있을 수 있습니다. 2인 1조로 작업하는 것이 효율적입니다.

피낭시에 레시피

✿ 버터 플레인 피낭시에 응용

우도 땅콩
피낭시에

사용하던 커피 글라세의 색이 땅콩과 비슷하다는 생각에 함께 믹이
보고는 너무 잘 어울려 깜짝 놀랐습니다. 일단 커피와 땅콩이라는
조합을 염두에 두고 땅콩은 짭짤하게 먹으면 더 맛이 좋기 때문에
부드러운 짠맛이 표현되는 말돈 소금을 사용했습니다. 우도 땅콩은
씨알이 삭고 옹골차니 씹는 맛이 좋고 일반 땅콩보다 더 고소합니다
표면에 토핑으로 땅콩을 가득 올렸더니 손님들이 우도 땅콩을
알아보고 좋은 재료를 사용하는 것에 대해 높은 평가를 해 주셨던
제품입니다. 견과류는 향이 쉽게 날아가고 산패하므로 조금씩
구매해 신선하게 사용해야 맛의 품질을 유지할 수 있습니다.

좀 더 알아보기

말돈 소금

말돈(Maldon)이라는 영국의 해안 마을에
서 나는 천일염입니다. 입자가 크고 마름모
모양을 띠고 있으며 바삭거리는 식감을 가
진 독특한 소금입니다. 과하게 짜지 않아
짠맛을 부드럽게 표현할 수 있으며 감칠맛
이 뛰어납니다.

12개 분량

A 버터 플레인 피낭시에 반죽

버터 플레인 피낭시에 12개 분량
▶ p.140 참고

B 에스프레소 글라세

┌ 분당   180g
└ 에스프레소   38g

C 우도 땅콩 피낭시에

┌ 우도 땅콩   적당량
└ 말돈 소금   적당량

2-1

2-2

4

A 버터 플레인 피낭시에 반죽

1 p.140을 참고해 버터 플레인 피낭시에 반죽을 만들고 휴지시켜 둡니다.

B 에스프레소 글라세

2 볼에 모든 재료를 넣고 잘 섞어 줍니다.

    팁▶ 에스프레소는 사용하기 직전에 추출하고 향이 금방 날아가기 때문에 당일에 만들어 모두 소진하도록 합니다.

C 우도 땅콩 피낭시에

3 테프론 시트를 깐 베이킹팬에 우도 땅콩을 펼쳐 넣고 160℃ 오븐에서 15~20분 동안 구운 뒤 완전히 식혀 밀폐 용기에 보관합니다.

4 버터(분량 외)를 칠한 틀에 A(버터 플레인 피낭시에 반죽)를 42g씩 짜 넣고 구워 둔 우도 땅콩을 빼곡하게 올려 붙입니다.

6-1

6-2

7

8

9

5 냉장고에서 15분 동안 차갑게 식힙니다.

6 윗면에 말돈 소금을 넉넉히 뿌린 다음 그릴을 넣어 200℃로
예열한 오븐에서 2~3분 동안 굽다가 160℃로 온도를 낮추고
오븐 문을 열어 증기를 뺀 뒤 15분 니 습니다. **p.130 참고**
[2~3분(증기 빼기) → 6분(틀 앞뒤 돌려 주기) → 9분]

팁▶ 소금은 굽는 과정에서 일부 떨어져 나가기 때문에 넉넉히 올려
주세요.

7 오븐에서 꺼내자마자 스패튤러로 피낭시에를 들어 올려 꺼낸 뒤
그릴 위에서 완전히 식힙니다.

8 바닥 쪽에 B(에스프레소 글라세)를 묻히고 너무 두껍지 않도록
손으로 적당히 긁어냅니다.

9 테프론 시트를 깐 베이킹팬에 올려 125℃ 오븐에서 1분 30초 동안
굽고 식힙니다.

팁▶ 글라세가 얇은 편이기 때문에 굽는 시간을 1분 30초로 짧게
잡습니다. 스메그 오븐을 사용할 경우 3분 동안 구워 줍니다.

피낭시에 레시피

✿ 바닐라 피낭시에

바닐라
피낭시에

버터에 바닐라 빈을 넣고 함께 데워 바닐라 빈의 풍부한 향을
충분히 우려낸 아주 맛있는 피낭시에입니다. 어떤 품질의
바닐라 빈을 사용하느냐에 따라 반죽에 퍼져 나오는 풍미가 많이
달라지므로, 가급적 품질이 좋은 바닐라 빈을 선택하는 것이
좋습니다. 향이 약하거나 빈약한 줄기, 윤기가 나지 않는 마른
줄기를 사용해 제조하면 들어가는 바닐라 빈의 양을 2배 가까이
늘려도 그다지 효과가 없으므로 재료 선정에 신중을 기해야
합니다. 약 170℃의 버터에 바닐라 빈을 넣으면 순간적으로 빈이
고소하게 구워지면서 그 향이 매우 좋습니다.

좀
더
알
아
보
기

바닐라 빈
열대 지방에서 재배되는 식물인 바닐라의
열매로, 덜 익은 상태로 따서 발효와 건조
과정을 거치는데 이 과정에서 진한 향을 내
게 됩니다. 바닐라 빈을 반으로 가르면 촉
촉한 내부에 까만색 씨가 촘촘히 박혀 있습
니다. 이 씨를 칼등으로 긁어내 사용합니
다. 바닐라 빈의 씨에는 우리가 아는 바닐
라의 풍부한 향이 가득하며 단맛은 전혀 없
습니다. 주로 제과제빵에서 우유나 생크림
등에 넣고 향을 우려내 바닐라 풍미를 더할
때 사용하는데 대표적인 제품으로는 크렘
파티시에(기스디드 그림)기 있습니다. 보관
은 밀폐 용기에 넣어 향이 날아가지 않도록
하는 것이 좋습니다. 만약 보관하는 장소의
온도가 높거나 햇볕에 노출되면 바닐라 빈
이 상하거나 곰팡이가 필 수 있으므로 빛을
차단하고 서늘한 곳에 보관하도록 합니다.

12개 분량

A 바닐라 뵈르 누아제트
┌ 발효 버터　　　　144g
└ 바닐라 빈의 씨　　0.8g

A 바닐라 뵈르 누아제트 p.124 뵈르 누아제트 참조

1 냄비에 발효 버터를 넣어 약불로 가열하고 바닐라 빈은 반으로 갈라 씨를 긁어냅니다.

　팁▶ 바닐라 빈의 씨를 긁어 무게를 측정하고 바닐라 빈의 깍지도 함께 사용합니다.

2 거품기 또는 주걱으로 저으면서 졸이듯이 태웁니다.

3 원하는 색이 되면 곧바로 얼음물에 냄비를 올리고 바닐라 빈의
씨와 깍지를 넣습니다.

🔶**팁▶** 뜨거운 뵈르 누아제트에 바닐라 빈을 넣으면 바닐라 빈이
튀겨지면서 바닐라 빈 내부에 있던 수분이 증발합니다. 촘촘한 거품이
일면서 부피도 2배 이상 늘어납니다. 따라서 바닐라 뵈르 누아제트를
만들 때는 큰 냄비를 사용해 냄비 밖으로 흘러넘치지 않도록
유의하세요. 또 바닐라 빈을 넣은 뒤 휘젓지 말고 그대로 둔 채 위로
올라오는 거품만 거품기로 꺼뜨려 줍니다. 만약 아직 뵈르 누아제트를
만드는 작업이 능숙하지 못하다면 아주 큰 냄비에 소량을 작업하거나,
뵈르 누아제트를 100℃까지 식힌 다음 바닐라 빈을 넣으면 바닐라
풍미가 덜 우러날 수는 있지만 훨씬 안정적으로 작업할 수 있습니다.

4 30~40℃까지 충분히 식으면 바닐라 빈의 깍지를 건져
긁어냅니다.

🔶**팁▶** 라텍스 장갑을 낀 상태에서 바닐라 빈 깍지를 건져 한 쪽을 잡고
안쪽에 남아 있는 씨를 깨끗이 긁어내 뵈르 누아제트에 모두 넣어
줍니다.

B 바닐라 피낭시에

흰자	144g
트리몰린	12g
설탕	132g
바닐라 에센스	5g
▶ 프로바 바닐프로 200	
소금	1.2g
프랑스 밀가루 T55	58g
아몬드파우더	57g
헤이즐넛파우더	22g

B 바닐라 피낭시에

5 볼에 흰자, 트리몰린, 설탕, 바닐라 에센스를 넣고 거품기로 저으면서 중탕으로 25℃까지 온도를 올립니다.

6 함께 체 친 소금, 프랑스 밀가루 T55, 아몬드파우더, 헤이즐넛파우더를 넣고 덩어리지지 않도록 빠르게 섞어 줍니다.

7 날가루가 사라지면 반죽에서 윤기가 나고 반죽을 들어 올렸을 때 끊기지 않고 부드럽게 떨어질 때까지 15~20번 더 믹싱하고 반죽의 온도가 25℃인지 확인합니다.

팁 ▶ 만약 15~20번 더 믹싱했는데도 들어 올렸을 때, 뚝뚝 끊기듯이 떨어진다면 조금 더 믹싱합니다.

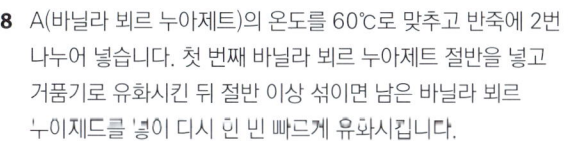

8 A(바닐라 뵈르 누아제트)의 온도를 60℃로 맞추고 반죽에 2번 나누어 넣습니다. 첫 번째 바닐라 뵈르 누아제트 절반을 넣고 거품기로 유화시킨 뒤 절반 이상 섞이면 남은 바닐라 뵈르 누이제드를 넣이 디시 인 빈 빠르게 유화시킵니다.

9 볼 벽에 반죽이 착 붙을 정두로 유화가 잘 되었다면 주걱으로 볼의 바닥과 벽을 긁어 전체적으로 균일한 상태기 되도록 섞습니다(반죽 온도 29~32℃).

10 밀폐 용기에 담아 랩을 밀착시킨 후 냉장고에서 24시간 동안 휴지시킵니다.

11 반죽을 꺼내어 주걱으로 잘 섞은 뒤 짤주머니에 담습니다.

12 버터(분량 외)를 칠한 틀에 42g씩 짜 넣고 냉장고에서 15분 동안 차갑게 식힙니다.

13 그딜틀 넣어 200℃로 예열한 오븐에서 2~3분 동안 굽나가 160℃로 온도를 낮추고 오븐 문을 열어 증기를 뺀 뒤 15분 더 굽습니다. `p.130 참고`

　　[2~3분(증기 빼기) → 6분(틀 앞뒤 돌려 주기) → 9분]

14 오븐에서 꺼내자마자 틀을 뒤집어 피낭시에를 꺼내고 그릴 위에 바로 놓아 완전히 식힙니다.

피낭시에 레시피

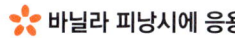 **바닐라 피낭시에 응용**

바닐라 피스타치오 피낭시에

바닐라 피낭시에 반죽 위에 피스타치오를 올리고 소금 초코 피낭시에와 유사하게 윗면에 소금을 토핑했습니다. 신파뮤 맛이 강하지 않은 반죽에 피스타치오를 가득 올리면 피낭시에의 맛이 싱겁게 느껴질 수 있기 때문입니다. 소금은 굵은 소금보다는 시중에서 구할 수 있는 소금 중 가장 가는 것을 사용해야 입안에서 튀지 않고 잘 어우러집니다.

좀 더 알아보기

피스타치오

피스타치오는 주로 미국산 탈각 피스타치오를 쓰는데 살짝 구워 사용하면 고소함을 훨씬 풍부하게 느낄 수 있습니다. 신선하고 은은한 맛의 피스타치오는 너무 오래 구우면 고소함이 지나치게 강조될 수 있으므로 적절히 굽고 토핑이나 부재료로 사용할 때는 다른 재료의 맛을 가리지 않도록 사용하는 것이 좋습니다.

12개 분량

A 바닐라 피낭시에 반죽

발효 버터	144g
바닐라 빈의 씨	0.8g
흰자	144g
트리몰린	12g
설탕	132g
바닐라 에센스	5g
▶ 프로바 바닐프로 200	
소금	1.2g
프랑스 밀가루 T55	58g
아몬드파우더	57g
헤이즐넛파우더	22g

B 피스타치오 전처리

피스타치오	적당량

마무리

소금	적당량

A 바닐라 피낭시에 반죽 `p.160 참고`

1 냄비에 발효 버터를 넣고 가열한 뒤 바닐라 빈의 씨와 깍지를 넣어 바닐라 뵈르 누아제트를 만듭니다.

2 볼에 흰자, 트리몰린, 설탕, 바닐라 에센스를 넣고 거품기로 저으면서 중탕으로 25℃까지 온도를 올립니다.

3 함께 체 친 소금, 프랑스 밀가루T 55, 아몬드파우더, 헤이즐넛파우더를 넣고 덩어리지지 않도록 빠르게 섞습니다. 날가루가 사라지면, 반죽에서 윤기가 나고 반죽을 들어 올렸을 때 끊기지 않고 부드럽게 떨어질 때까지 15~20번 더 섞어주고 반죽의 온도가 25℃인지 확인합니다.

4 바닐라 뵈르 누아제트의 온도를 60℃로 맞춰 반죽에 2번 나누어 넣고 믹싱해 볼 벽에 반죽이 착 붙을 정도로 유화가 잘 되었다면 주걱으로 볼의 바닥과 벽을 긁어 전체적으로 균일한 상태가 되도록 섞어 줍니다(반죽 온도 29~32℃).

5 냉장고에서 24시간 동안 휴지시킨 뒤 주걱으로 잘 섞어 짤주머니에 담습니다.

B 피스타치오 전처리

6 유산지를 깐 베이킹팬에 피스타치오를 펼쳐 넣고 160℃ 오븐에서 7분 정도 가볍게 구운 뒤 완전히 식힙니다.

7 비닐 또는 짤주머니에 넣고 밀대로 ⅓크기 정도로 부숴 밀폐 용기에 담아 보관합니다.

마무리

8 버터(분량 외)를 칠한 틀에 A(바닐라 피낭시에 반죽)를 42g씩 짜 넣습니다.

9 윗면에 D(피스타치오 전처리)를 저담량 올린 뒤 냉장고에서 15분 동안 차갑게 식힙니다.

10 그릴을 넣어 200℃로 예열한 오븐에서 2~3분 동안 굽다가 160℃로 온도를 낮추고 오븐 문을 열어 증기를 뺀 뒤 15분 더 굽습니다. `p.130 참고`

[2~3분(증기 빼기) → 6분(틀 앞뒤 놀려 수기) → 9분]

11 오븐에서 꺼내자마지 윗면에 소금을 뿌립니다.

팁▶ 소금은 입자가 가는 것을 사용하고 피낭시에에 소금이 골고루 잘 붙어 있도록 오븐에서 꺼내자마자 뜨거울 때 뿌립니다.

12 소금이 떨어지지 않도록 조심하며 스페튬러로 피낭시에를 꺼낸 뒤 그릴 위에 바로 놓고 완전히 식힙니다.

✳ 바닐라 피낭시에 응용

라즈베리 바닐라 피낭시에

바닐라 피낭시에를 베이스로 멋지게 변신한 제품입니다. 피낭시에 반죽에 라즈베리아 라즈베리 콩피튀르를 올려 묵직하고 고소한 버터 과자인 피낭시에에 산뜻함을 더했습니다. 톡톡 터지는 라즈베리의 식감이 인상 깊은 제품으로, 시간이 지날수록 과일과 잼의 수분이 반죽에 펴져 촉촉한 식감으로 완성되므로 냉장고에 10분 정도 넣어 두었다가 먹으면 더 맛있게 즐길 수 있습니다.

좀 더 알 아 보 기

라즈베리

라즈베리는 제과에 많이 사용하는 과일로 냉동 라즈베리, 라즈베리 퓌레, 동결 건조 라즈베리 등 다양한 형태의 제품이 시중에 판매되고 있습니다. 언뜻 국산 산딸기와 비슷해 보이지만 과일의 단단한 정도, 색, 풍기는 맛 등에 차이가 있습니다. 라즈베리 퓌레는 쏘쏘니 잼(콩피튀르)으로 만들어 과자에 넣거나, 혹은 잼 그 자체를 즐기거나, 글라세를 만들어 구운 과자에 발라 광택 및 색감을 더하기도 합니다. 라즈베리 퓌레는 오래 가열할수록 풍미와 색이 날아가 버리기 때문에 열을 가하는 등의 추가 공정을 넣이 거지지 않고 시용히는 것이 좋습니다. 냉동 라즈베리로 콩포트를 만들면 씨가 톡톡 씹혀 과자에 씹는 식감을 더할 수 있습니다. 동결 건조 라즈베리는 붉은 장미색에 크런치한 식감을 가졌으며 주로 데커레이션에 활용합니다.

12개 분량

A 바닐라 피낭시에 반죽

바닐라 피낭시에 12개 분량

▶ p.160 참고

B 라즈베리 콩피튀르(18~20개 분량)

라즈베리 퓌레	175g
설탕	105g
펙틴	4g
레몬즙	4g

마무리

냉동 라즈베리　　36개

A 바닐라 피낭시에 반죽

1　p.160을 참고해 바닐라 피낭시에 반죽을 만들고 휴지시켜 둡니다.

B 라즈베리 콩피튀르

2　냄비에 라즈베리 퓌레와 설탕 절반을 넣고 50℃까지 데웁니다.

3　볼에 남은 설탕과 펙틴을 넣고 거품기로 골고루 섞은 뒤 2에 넣고 뭉치지 않게 골고루 섞어
　줍니다.

4　중불에서 바닥에 눌어붙지 않게 저으면서 끓입니다.

5-1

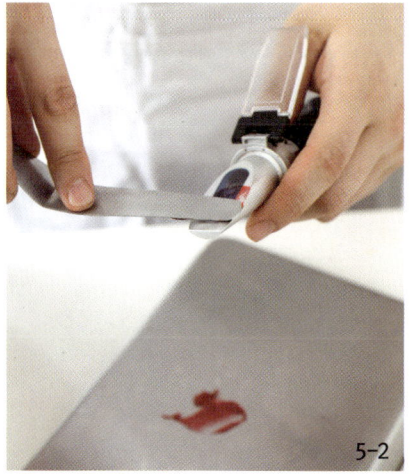

5-2

8

9

10

11

5 얼음물에 떨어뜨려 보았을 때 되직하게 물방울 모양으로 떨어질 때까지(60Brix) 졸이듯이 끓입니다.

　팁▶ 굴절식 당도계로 당도를 잴 때는 당도계로 형광등을 보면서 눈금을 확인하면 더 잘 보입니다.

6 불에서 내려 레몬즙을 넣고 섞은 다음 실온이 온도까지 식힙니다.

　팁▶ 끓으면서 라즈베리 퓌레의 신미가 감소하기 때문에 미지막에 레몬즙을 넣어 감칠맛과 산미를 더해 줍니다.

7 밀폐 용기에 옮겨 담아 랩을 밀착시켜 냉장고에 보관합니다.

마무리

8 버터(분량 외)를 칠한 틀에 A(바닐라 피낭시에 반죽)를 42g씩 짜 넣습니다.

9 윗면에 냉동 라즈베리 3개를 콕콕 박아 줍니다.

10 냉동 라즈베리 위에 B(라즈베리 콩피뉘르)를 사그새그로 약 8g 짭니다.

11 160℃로 예열한 오븐에 넣어 10분 동안 구운 뒤 틀의 앞뒤를 돌려 주고 다시 10분 동안 더 굽습니다.

　팁▶ 콩피튀르(잼)와 과일을 올린 제품이기 때문에 굽는 방법이 다른 피낭시에와 조금 다릅니다. 토핑을 많이 올렸기 때문에 피낭시에의 배꼽을 부풀리기보다는 세품을 고르게 익히는 데 조섬을 낮추어 굽습니다. 굽는 방법은 2판 기준으로 총 20분 동안 굽고 팝이 늘어날 경우 색을 확인하면서 굽는 시간을 2분 정도 더 추가합니다.

12 오븐에서 꺼내자마자 스패튤러로 피낭시에를 들어 올려 꺼낸 뒤 그릴 위에서 완전히 식힙니다.

 **시그니처 레시피**

카페오레 피낭시에

카페오레는 '우유를 넣은 커피'라는 뜻으로 피낭시에에 커피의 향긋함과 유지방의 밀키하고 고소한 맛을 담아내고자 만든 제품입니다. 견과류 풍미가 가득한 피낭시에 반죽에 인스턴트 커피를 넣어 향긋함을 더하고 피낭시에 위에 헤이즐넛 맛이 나는 밀크 초콜릿을 씌운 뒤 입안에서 경쾌하게 부숴지는 가벼운 맛의 커피 원두를 토핑으로 뿌려 마무리했습니다. 입자가 굵은 원두를 반죽에 넣을 경우 식감에 방해가 될 수 있으므로 완전히 녹아 없어지는 인스턴트 커피를 추천합니다. 토핑용 원두는 가스가 충분히 빠질 정도로 잘 숙성된 원두를 사용하고 너무 많은 양을 올리면 쌉싸래한 맛이 도드라질 수 있으므로 유의하세요.

좀 더 알아보기

브라질 옐로 버번 원두

토핑으로 사용할 커피 원두는 맛이 너무 쓰거나 튀지 않고 풍미가 부드러워 먹었을 때 크게 부담이 되지 않는 것으로 고르는 것이 좋습니다. 과자방에서는 강하지 않게 로스팅한 브라질의 옐로 버번 원두를 사용 중입니다. 약간의 산미와 달콤함을 가지고 있고 산뜻한 과일의 맛도 느껴지기 때문에 다소 무겁게 느껴질 수 있는 커피 피낭시에에 사용하기 좋은 원두입니다.

A 뵈르 누아제트

발효 버터 144g

B 커피 피낭시에

┌ 흰자 144g
│ 트리몰린 12g
│ 설탕 132g
│ 바닐라 에센스 2.4g
│ ▶ 프로바 바닐프로 200
│ 인스턴트 커피가루 5g
│ 소금 1.2g
│ 프랑스 밀가루 T55 58g
│ 아몬드파우더 51g
└ 헤이즐넛파우더 28g

마무리

┌ 토핑용 커피 원두 적당량
│ 밀크초콜릿 적당량
└ ▶ 발로나 아젤리아 35%

A 뵈르 누아제트 `p.124 참고`

1 냄비에 발효 버터를 넣고 가열해 뵈르 누아제트를 만듭니다.

B 커피 피낭시에

2 볼에 흰자, 트리몰린, 설탕, 바닐라 에센스, 인스턴트 커피가루를 넣고 거품기로 저으면서 중탕으로 25℃까지 온도를 올립니다.

3 함께 체 친 소금, 프랑스 밀가루 T55, 아몬드파우더, 헤이즐넛파우더를 넣고 덩어리지지 않도록 빠르게 섞어 줍니다.

4 날가루가 사라지면 반죽에서 윤기가 나고 반죽을 들어 올렸을 때 끊기지 않고 부드럽게 떨어질 때까지 15~20번 더 섞어 주고 반죽의 온도가 25℃인지 확인합니다.

팁▶ 만약 15~20번 더 섞었는데도 들어 올렸을 때, 뚝뚝 끊기듯이 떨어진다면 조금 더 섞어 줍니다.

5-1

5-2

8-1

8-2

5 A(뵈르 누아제트)의 온도를 60℃로 맞추고 반죽에 2번 나누어
넣습니다. 뵈르 누아제트 절반을 넣고 거품기로 유화시킨 뒤
설탕 아이싱 식히면 남은 뵈르 누아제트를 넣고 다시 한 번 빠르게
유화시킵니다.

6 볼 벽에 반죽이 착 붙을 정도로 유화가 잘 되었다면 주걱으로 볼의
바닥과 벽을 긁어 전체적으로 균일한 상태가 되도록 섞습니다(반죽
온도 29~32℃).

7 밀폐 용기에 담아 랩을 밀착시킨 후 냉장고에서 24시간 동안
휴지시킵니다.

8 반죽을 꺼내어 주걱으로 잘 섞은 뒤 짤주머니에 담습니다.

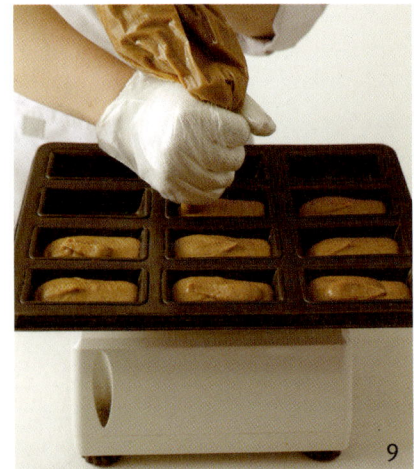

9 버터(분량 외)를 칠한 틀에 42g씩 짜 넣고 냉장고에서 15분 동안 차갑게 식힙니다.

10 그릴을 넣어 200℃로 예열한 오븐에서 2~3분 동안 굽다가 160℃로 온도를 낮추고 오븐 문을 열어 증기를 뺀 뒤 15분 더 굽습니다. `p.130 참고`
[2~3분(증기 빼기) → 6분(틀 앞뒤 돌려 주기) → 9분]

11 오븐에서 꺼내자마자 틀을 뒤집어 피낭시에를 꺼내고 그릴 위에 바로 놓아 완전히 식힙니다.

마무리

12 비닐에 토핑용 커피 원두를 넣고 밀대를 사용해 적당한(원두의 ⅓ 정도) 크기로 부숩니다.

13-1

13-2

14-1

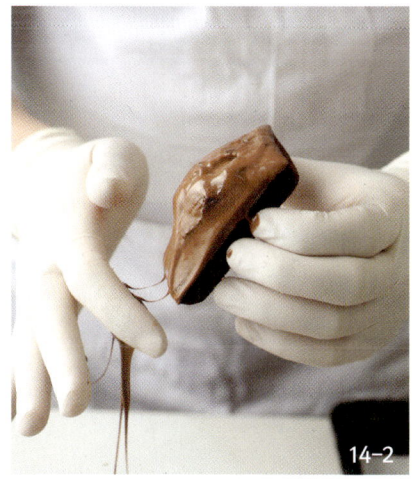

14-2

15

13 밀크초콜릿을 템퍼링합니다.

   팁▶ 템퍼링 방법은 p.78을 참고합니다. 밀크초콜릿의 경우 다크초콜릿보다 낮은 45~50℃로 녹인 뒤 온도를 떨어뜨렸다가 다시 29~30℃로 온도를 올려 템퍼링 작업을 합니다.

14 템퍼링한 밀크초콜릿에 윗면을 담갔다가 너무 두껍게 발리지 않도록 적당히 긁어냅니다.

15 초콜릿이 완전히 굳기 전에 토핑용 커피 원두를 뿌립니다.

   팁▶ 토핑용 커피 원두는 소금처럼 녹지 않기 때문에 소금 초코 피낭시에에 소금을 올릴 때처럼 초콜릿이 살짝 굳기를 기다리지 않아도 됩니다. 오히려 초콜릿을 바르자마자 토핑을 올려야 견고하게 잘 붙어 있을 수 있습니다. 원두를 통째로 올리면 식감과 맛이 모두 너무 도드라지기 때문에 적당한 크기로 부수어 사용합니다.

![시그니처 레시피] **시그니처 레시피**

통카 초콜릿
피낭시에

초콜릿과 가장 잘 어울리는 향신료를 꼽으라면 늘 첫 번째로
떠오르는 것이 통카 빈입니다. 피낭시에에 이미 초콜릿을 많이
써왔기 때문에 1차원적인 맛보나는 맛의 레이어를 쌓아 다채로운
향을 가진 피낭시에를 완성하고 싶었습니다. 윗면에 올린
통카 크럼블 덕분에 시간이 흘러도 씹는 맛이 좋습니다.
통카 빈과 초콜릿을 함께 사용하면 선명하고 또렷한 통카 빈의
향을 조금 더 여운 있게 즐길 수 있습니다.

통카 빈

쿠마루 나무 열매의 씨앗으로 검고 딱딱한
향신료입니다. 바닐라 빈처럼 제품에 풍미
를 더하거나 잡내를 가리기 위해 사용합니
다. 향이 강하기 때문에 그라인더로 곱게
갈아서 소량만 사용합니다. 향을 제대로 내
려면 필요할 때마다 그때그때 갈아서 쓰는
편이 좋으며 사용하고 남는 통카 빈은 직사
광선을 피하고 서늘한 곳에 밀봉해 보관합
니다. 핫초콜릿에 살짝 뿌려 먹으면 은은
한 향으로 맛에 익센트를 더할 수 있으니
꼭 한번 시도해 보세요. 다만 통카 빈을 다
량 섭취할 경우, 통카 빈 속 주요 성분인 쿠
마린이 간의 손상을 일으킬 수 있는 것으로
알려져 다량 섭취에 주의해야 합니다.

12개 분량

A 통카 크럼블(20개 분량)

┌ 발효 버터	68g
│ 통카 빈	0.7g
│ 설탕	27g
│ 흑설탕	27g
│ 프랑스 밀가루 T55	64g
│ 코코아파우더	10g
│ 아몬드파우더	68g
└ 소금	1.5g

A 통카 크럼블

1 볼에 20~22℃의 부드러운 발효 버터를 넣고 주걱으로 균일한 상태가 되도록 풀어 줍니다.

2 통카 빈을 그라인더로 갈아 넣습니다.

3 설탕, 흑설탕을 넣고 주걱으로 골고루 섞어 줍니다.

팁▶ 공기를 포집하는 것이 아니라 단순히 섞는 작업입니다.

4 함께 체 친 프랑스 밀가루 T55, 코코아파우더, 아몬드파우더,
   소금을 넣고 주걱으로 자르듯이 섞어 고슬고슬한 상태로 만듭니다.
5 손으로 비비면서 섞어 작은 입자의 크럼블 상태로 만듭니다.
6 테프론 시트를 깐 베이킹팬에 얇게 펼쳐 넣고 140℃ 오븐에서
   12분 정도 굽습니다.

팁▶ 피낭시에 위에 크럼블을 올려 구울 때 타지 않도록 낮은 온도에서
절반 정도만 미리 구워 바삭한 식감을 살리는 과정입니다. 굽는
중간중간 가운데 있는 크럼블과 가장자리에 있는 크럼블이 모두 고르게
식도록 섞어 줍니다.

7 완전히 식힌 뒤 밀폐 용기에 담아 냉동고에 보관하고 필요할 때
   꺼내 사용합니다.

B 뵈르 누아제트

발효 버터	144g

C 통카 초콜릿 피낭시에

흰자	144g
동물성 휘핑크림	12g
통카 빈	0.6g
설탕	66g
흑설탕	66g
트리몰린	12g
프랑스 밀가루 T55	48g
아몬드파우더	72g
코코아파우더	12g
소금	1.2g
다크초콜릿	12개
▶ 발로나 만자리 64%	
카카오 닙	적당량

B 뵈르 누아제트 `p.124 참고`

8 냄비에 발효 버터를 넣고 가열해 뵈르 누아제트를 만듭니다.

C 통카 초콜릿 피낭시에

9 볼에 흰자, 동물성 휘핑크림, 간 통카 빈, 설탕, 흑설탕, 트리몰린을 넣고 거품기로
저으면서 중탕으로 25℃까지 온도를 올립니다.

10 함께 체 친 프랑스 밀가루 T55, 아몬드파우더, 코코아파우더, 소금을 넣고 덩어리지지
않도록 빠르게 섞어 줍니다.

11 날가루가 사라지면 반죽에서 윤기가 나고 반죽을 들어 올렸을 때 끊기지 않고 부드럽게
떨어질 때까지 15~20번 더 섞어 주고 반죽의 온도가 25℃인지 확인합니다.

팁▶ 15~20번 더 섞었는데도 들어 올렸을 때, 끊기듯이 떨어진다면 조금 더 섞어 줍니다.

12 B(뵈르 누아제트)의 온도를 60℃로 맞추고 반죽에 2번 나누어 넣습니다.
뵈르 누아제트 절반을 넣고 거품기로 유화시킨 뒤 절반 이상 섞이면 남은 뵈르 누아제트를
넣고 다시 한 번 빠르게 유화시킵니다.

13 볼 벽에 반죽이 착 붙을 정도로 유화가 잘 되었다면 주걱으로 볼의 바닥과 벽을 긁어
전체적으로 균일한 상태가 되도록 섞습니다(반죽 온도 29~32℃).

16

17-1

17-2

17-3

20

14 밀폐 용기에 담아 랩을 밀착시킨 후 냉장고에서 24시간 동안 휴지시킵니다.

15 반죽을 꺼내어 주걱으로 잘 섞은 뒤 짤주머니에 담습니다.

16 버터(분량 외)를 칠한 틀에 42g씩 짜 넣습니다.

17 A(통가 크럼블) 약 10~12g, 반으로 자른 다크초콜릿 1개, 카카오 닙을 차례대로 올립니다.

18 윗면을 살짝 눌러 토핑을 붙이고 냉장고에서 15분 동안 차갑게 식힙니다.

19 160℃로 예열한 오븐에 넣어 10분 동안 구운 뒤 틀의 앞뒤를 돌려 주고 다시 10~12분 동안 더 굽습니다.

팁▶ 일반적인 피낭시에와 굽는 방법이 조금 다릅니다. 밀가루의 일부를 코코아파우더로 대체했기 때문에 반죽이 기본 반죽에 비해서 가벼운 편입니다. 따라서 온도 편차를 크게 주면 더 지나치게 부풀어 시키이 너무 가벼워집니다. 본래 피낭시에에 표현하고자 했던 의도대로 묵직하면서도 진한 맛으로 구워내기 위해 신경 써야 합니다. 또 윗면에 다크초콜릿과 절반 정도 구운 크럼블, 카카오 닙을 토핑으로 올리기 때문에 만약 고온에서 익힌다면 토핑이 타서 쓴맛이 날 수 있습니다. 2판 기준으로 총 23분 동안 굽고 판의 수가 늘어날 경우, 색을 확인하면서 굽는 시간을 2분 정도 더 추가합니다.

20 스패튤러로 피낭시에를 틀에서 꺼내 그릴 위에 올린 뒤 식힙니다.

말린 수레국화 꽃잎

제과에서 징식에 많이 시용히는 푸른빛의 말린 식용 꽃잎입니다. 케이크나 초콜릿 등 디저트 위에 얹으면 우아한 느낌을 연출할 수 있습니다. 맛이 강하지 않기 때문에 디저트와 함께 먹어도 좋습니다.

피낭시에 레시피

✳ 시그니처 레시피

얼그레이
피낭시에

견과류의 맛이 지배적인 피낭시에의 메뉴 구성에 변화를 수고 싶어 만든 제품입니다 얼그레이 찻잎을 우려 만든 이 피낭시에는 힌입 베어 붙면 기쁨 있는 차 향이 입안 가득 느껴집니다. 전체적으로 입힌 글라세에는 우유를 살짝 첨가하여 밀크티의 뉘앙스를 담았고, 장식으로는 푸른빛 수레국화 꽃잎을 사용해 우아함을 더했습니다. 오후의 티타임에 잘 어울릴 만한 피낭시에입니다.

아마드 얼그레이

비교적 합리적인 가격대의 제품으로 쉽게 구할 수 있습니다. 향이 매우 진해 반죽이나 크림류, 가나슈 등에 우려서 사용해도 향이 선명하게 발현됩니다.

12개 분량

A 뵈르 누아제트

발효 버터　　　　　144g

B 얼그레이 피낭시에

┌ 얼그레이 찻잎　　　1.2g
│ 물　　　　　　　　　3g
│ 흰자　　　　　　　144g
│ 설탕　　　　　　　132g
│ 트리몰린　　　　　12g
│ 아몬드파우더　　　56g
│ 헤이즐넛파우더　　22g
│ 프랑스 밀가루 T55　58g
└ 소금　　　　　　　1.2g

A 뵈르 누아제트 `p.124 참고`

1　냄비에 발효 버터를 넣고 가열해 뵈르 누아제트를 만듭니다.

B 얼그레이 피낭시에

2　볼에 곱게 간 얼그레이 찻잎을 넣고 물을 부어 5분 동안 우립니다.

　　팁▶ 찻잎을 갈아 반죽에 넣는다면, 찻잎이 물을 빨아들이는 성질이 있기 때문에 물 또는 우유 등의 액체에 미리 불린 다음에 반죽에 넣어야 식감에 영향을 주지 않습니다.

3　다른 볼에 흰자, 설탕, 트리몰린, 2의 우린 찻잎을 넣고 거품기로 저으면서 중탕으로 25℃까지 온도를 올립니다.

4　함께 체 친 아몬드파우더, 헤이즐넛파우더, 프랑스 밀가루 T55, 소금을 넣고 덩어리지지 않도록 빠르게 섞어 줍니다.

5　날가루가 사라지면 반죽에서 윤기가 나고 반죽을 들어 올렸을 때 끊기지 않고 부드럽게 떨어질 때까지 15~20번 더 섞어 주고 반죽의 온도가 25℃인지 확인합니다.

　　팁▶ 만약 15~20번 더 섞었는데도 들어 올렸을 때, 뚝뚝 끊기듯이 떨어진다면 조금 더 섞어 줍니다.

6-1

6-2

7

8

10

6 A(뵈르 누아제트)의 온도를 60℃로 맞추고 반죽에 2번 나누어
넣습니다. 뵈르 누아제트 절반을 넣고 거품기로 유화시킨 뒤
절반 이상 섞이면 남은 뵈르 누아제트를 넣어 다시 한 번 빠르게
유화시킵니다.

7 볼 벽에 반죽이 샥 붙을 정도로 유화가 잘 되었다면 주걱으로 볼의
바닥과 벽을 긁어 전체적으로 균일한 상태가 되도록 섞습니다(반죽
온도 29~32℃).

8 밀폐 용기에 담아 랩을 밀착시킨 후 냉장고에서 24시간 동안
휴지시킵니다.

9 반죽을 꺼내어 주걱으로 잘 섞은 뒤 짤주머니에 담습니다.

10 버터(분량 외)를 칠한 틀에 42g씩 짜 넣고 냉장고에서 15분 동안
차갑게 식힙니다.

11 그릴을 넣어 200℃로 예열한 오븐에서 2~3분 동안 굽다가
160℃로 온도를 낮추고 오븐 문을 열어 증기를 뺀 뒤 15분 더
굽습니다. `p.130 참고`
[2~3분(증기 빼기) → 6분(틀 앞뒤 돌려 주기) → 9분]

12 오븐에서 꺼내자마자 틀을 뒤집어 피낭시에를 꺼내고 그릴 위에
바로 놓아 완전히 식힙니다.

재료

C 얼그레이 글라세

얼그레이 찻잎	1.2g
분당	96g
우유	42g
쿠앵트로	1.8g

마무리

말린 수레국화 꽃잎 **적당량**

C 얼그레이 글라세

13 푸드프로세서에 얼그레이 찻잎을 넣고 아주 곱게 갈아 파우더 형태로 만듭니다.

14 볼에 곱게 간 찻잎, 체 친 분당, 우유를 넣고 거품기로 섞어 줍니다.

　팁▶ 만약 우유를 가열해 찻잎을 우리면 수분 손실이 생깁니다. 섞기만 해도 글라세로 사용하기에
충분합니다.

15 쿠앵트로를 넣고 잘 섞어 줍니다.

　팁▶ 오렌지 향이 나는 쿠앵트로를 넣으면, 얼그레이와 함께 어우러져 향을 풍부하게
만듭니다. 냉장고에 보관하면 5일 동안 사용 가능합니다.

마무리

16 C(얼그레이 글라세)에 B(얼그레이 피낭시에)를 담가 전체적으로
글라세를 입혀 줍니다.

17 테프론 시트를 깐 베이킹팬에 뒤집어 올립니다.

18 바닥면에 말린 수레국화 꽃잎을 올린 뒤 125℃ 오븐에서 3분 동안
구워 줍니다.

팁▶ 수레국화 꽃잎이 바람에 날려 떨어질 수 있기 때문에 비교적
바람이 잔잔한 스메그 오븐을 사용하거나 바람의 세기를 조절해 닫는
것이 좋습니다.

코코넛 밀크

보통 통조림 형태로 유통되는데 한번 개봉하고 나면 유통기한이 그리 길지 않기 때문에 냉장 보관이 필수입니다. 만약 5일 이상 사용하고자 한다면 소분해서 냉동고에 보관하는 것이 좋습니다. 캔을 따 보면 액체와 고형분이 분리되어 있는 상태이기 때문에 볼에 모든 내용물을 쏟은 뒤 거품기로 잘 혼합하여 균일한 상태로 만든 다음 사용합니다.

말리부

화이트 럼에 코코넛 향료가 들어간 리큐어입니다. 재료만으로 코코넛 향을 완전히 구현해 내기 어려울 때 소량 첨가하면 더욱 깊고 진한 코코넛 풍미를 낼 수 있습니다. 단, 열처리를 하지 않으면 알코올이 날아가지 않기 때문에 열처리를 거치지 않는 제품에 사용할 경우에는 알코올이 함유되어 있음을 미리 고지하고 판매해야 합니다.

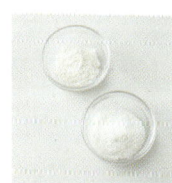

코코넛 슬라이스 & 코코넛파우더

두 가지 모두 코코넛 과육을 말려 가공한 것입니다. 코코넛 슬라이스는 코코넛 롱이라고도 부르며 주로 토핑으로 활용해 노릇한 색감과 함께 씹는 재미를 줍니다.

피낭시에 레시피

✳ **시그니처 레시피**

버터 코코넛
피낭시에

피낭시에 메뉴를 한창 늘려 가던 즈음에 버터와 어울리는 조합을 찾아 헤매다 우연히 슈퍼마켓에서 '빠다코코낫' 과자를 보고 아이디어를 얻어 만든 제품입니다. 적절한 맛의 조합이 떠오르지 않을 땐 잠시 주방을 나와 여러 곳을 둘러 보는 것도 좋은 것 같습니다. 의외로 좋은 생각이 떠오를 수도 있으니까요. 코코넛 밀크, 코코넛 슬라이스, 코코넛파우더 등 코코넛 맛을 진하게 내기 위해 많은 재료가 들어가는 만큼 풍미가 아주 좋은 피낭시에입니다.

12개 분량

A 뵈르 누아제트

발효 버터 132g

B 버터 코코넛 피낭시에

코코넛 밀크	26g
흰자	132g
코코넛 리큐어	11g
▶ 말리부	
설탕	137g
아몬드파우더	40g
코코넛파우더	53g
프랑스 밀가루 T55	40g
소금	1.3g
코코넛 슬라이스	적당량

2-1

2-2

3

A 뵈르 누아제트 `p.124 참고`

1 냄비에 발효 버터를 넣고 가열해 뵈르 누아제트를 만듭니다.

B 버터 코코넛 피낭시에

2 볼에 코코넛 밀크를 부은 뒤 거품기로 골고루 섞어 균일한 형태로 만듭니다.

　팁▶ 쓰고 남은 코코넛 밀크는 랩을 밀착시켜 냉장 보관하면 5일까지 사용 가능합니다. 그 이상 보관할 경우 랩을 밀착시키지 않은 상태로 냉동고에서 3주 동안 보관하고 필요한 만큼만 잘라 해동해 사용합니다.

3 볼에 흰자, 2의 코코넛 밀크, 코코넛 리큐어, 설탕을 넣고 거품기로 저으면서 중탕으로 25℃까지 온도를 올립니다.

4 함께 체 친 아몬드파우더, 코코넛파우더, 프랑스 밀가루 T55, 소금을 넣고 덩어리지지 않도록 빠르게 섞어 줍니다.

5 날가루가 사라지면 반죽에서 윤기가 나고 반죽을 들어 올렸을 때 끊기지 않고 부드럽게 떨어질 때까지 15~20번 더 섞어 주고 반죽의 온도가 25℃인지 확인합니다.

팁▶ 만약 15~20번 더 섞었는데도 들어 올렸을 때, 뚝뚝 끊기듯이 떨어진다면 조금 더 섞어 줍니다.

6 A(뵈르 누아제트)의 온도를 60℃로 맞추고 반죽에 2번 나누어 넣습니다. 뵈르 누아제트 절반을 넣고 거품기로 유화시킨 뒤 절반 이상 섞이면 남은 뵈르 누아제트를 넣어 다시 한 번 빠르게 유화시킵니다.

7 볼 벽에 반죽이 착 붙을 정도로 유화가 잘 되었다면 주걱으로 볼의 바닥과 벽을 긁어 전체적으로 균일한 상태가 되도록 섞습니다(반죽 온도 29~32℃).

8 밀폐 용기에 담아 랩을 밀착시킨 후 냉장고에서 24시간 동안 휴지시킵니다.

9 반죽을 꺼내어 주걱으로 잘 섞은 뒤 짤주머니에 담습니다.

10 버터(분량 외)를 칠한 틀에 42g씩 짜 넣습니다.

11 코코넛 슬라이스를 가득 올립니다.

12 그릴을 넣어 200℃로 예열한 오븐에서 2~3분 동안 굽다가 160℃로 온도를 낮추고 오븐 문을 열어 증기를 뺀 뒤 15분 더 굽습니다. **p.130 참고**

[2~3분(증기 빼기) → 6분(틀 앞뒤 돌려 주기) → 9분]

13 오븐에서 꺼내자마자 틀을 뒤집어 피낭시에를 꺼낸 뒤 그릴 위에 바로 놓아 완전히 식힙니다.

과자방의 눈물 젖은
피낭시에 이야기

2층 작은 작업실에서 소규모로 운영 중일 때 과자방의 구움과자가 유명 채널에 소개된 적이 있습니다. 방영과 동시에 엄청나게 많은 양의 택배 주문이 한 달 동안 밀려 들어왔는데, 특히 피낭시에 주문량이 많았습니다. 사업 초기라 이 엄청난 주문량을 완벽하게 소화하고자 하는 열의가 대단했습니다. 덕분에 한동안은 잘 감당했는데 어느 날 저녁, 다음날 일찍 출고해야 할 피낭시에의 상태가 계속 마음에 들지 않았습니다. 당장 20시간 후에 피낭시에를 전국 각지로 배송해야 하는데 마음에 들지는 않지만 그냥 이대로 포장해서 보내느냐, 아니면 다 폐기하고 다시 만드느냐의 기로에서 짧은 순간이지만 많은 갈등에 휩싸였습니다. 결국 전량 폐기하고 다시 반죽을 하는 쪽으로 결정을 내려 급히 달걀을 사와 정말 울면서 흰자를 분리했습니다. 잘 하고 싶은데 시간은 부족하고 다시 잘 만들어 내야 하는데 기술이 부족한 것 같아 너무 답답했습니다. 계량부터 다시 시작해 마침내 피낭시에 반죽을 완성했고 반죽을 급하게 휴지시킨 뒤 밤을 꼬박 새우며 모두 구워 내니 새벽 6시였습니다. 그 순간 피로와 스트레스에 완전히 잠식되어 한 명은 냉장고에 기대어, 또 한 명은 주방 바닥에 주저앉아 잠이 들었습니다. 그날 버터 냄새를 너무 많이 맡아 한동안은 속이 좋지 않았습니다. 이 작은 작업실에서 빚어니 큰 곳으로 이사를 가게 되면 반드시 환풍기를 설치해야겠다는 교훈과 함께, 이제 정말 반죽의 공식을 제대로, 정확히 파헤쳐서 더 이상의 손실을 내지 말아야겠다는 결심이 굳게 섰습니다. 그 당시에 어떠한 이유로 반죽이 잘못 만들어졌고 어떤 부분에서 실수를 했었는지 알아내기까지 정말 많은 재료와 시간이 소요됐습니다. 하지만 지금의 과자방을 있게 한 건 그때의 눈물 젖은 피낭시에 덕분이라고 생각합니다.

기타 구움과자와 쿠키

✻ 기타 구움과자 레시피

갈레트 브르톤

한번 맛보면 다시 먹고 싶어지는, 담백하면서도 중독성 있는 과자를
만들고 싶었습니다. 브르타뉴 지방에서 유래된 동그란 모양의
쿠키를 뜻하는 갈레트 브르톤은 브르타뉴 시방에서 나는 짭짤한
가염 버터가 듬뿍 들어가는 것이 특징입니다. 과자방에서는 여운이
길고 치즈처럼 깊은 풍미를 가진 프랑스 무염 발효 버터를 이용해
만들고 있습니다. 과자방의 갈레트 브르톤은 칼로 단면을 잘랐을 때
깔끔한 단면이 보일 만큼 반죽 자체는 견고하나, 입안에 들어가면
녹듯이 부드럽게 씹히는 것이 특징이며, 부드러운 짠맛을 가진
말돈 소금을 토핑으로 올려 감칠맛과 식감을 너했습니다.
갈레트 브르톤은 구워서 완벽히 식힌 후, 비닐 포장지에 담아
습기 제거제를 넣고 밀봉 포장해 판매합니다. 서늘한 상온에서
약 7일간 맛있게 먹을 수 있습니다.

좀 더 알아보기

럼

사탕수수로 설탕을 만들고 난 뒤 남은 원료
를 발효시켜 증류한 술입니다. 평균 알코올
함량은 40% 정도이며 오크통 안에서 얼마
나 숙성했느냐에 따라 색이 달라져 화이트,
골드, 다크 럼으로 나뉩니다. 세꽈세빵에서
는 주로 달걀이 많이 들어가는 제품에 사용
해 달걀의 비린내를 가리거나 풍미를 더하
는 용도로 사용합니다. 넣고 난 후에는 가
급적 알코올이 날아가도록 열처리를 해 제
품을 완성하는 것이 좋습니다.

재료 20개 분량

발효 버터	320g
소금	5g
분당	190g
노른자	60g
바닐라 에센스	2g
▶ 프로바 바닐프로 200	
럼	20g
프랑스 밀가루 T55	280g
아몬드파우더	70g

마무리

노른자	적당량
말돈 소금	적당량

1 믹서볼에 부드러운 발효 버터, 소금을 넣고 비터로 가볍게 풀어 줍니다.

   팁▶ 버터는 상온에 미리 꺼내 두어 22℃의 포마드 상태로 만듭니다.

2 체 친 분당을 넣고 밝은 아이보리 색이 될 때까지 공기를 충분히 포집합니다.

   팁▶ 베이킹파우더 없이 재료의 힘으로 부풀리는 레시피입니다. 육안으로 보았을 때 버터의 색이 두 단계 정도 밝아지고 부피가 커졌다고 느껴질 때까지 충분히 공기를 포집합니다. 완성된 질감이 버터크림과 유사합니다. 베이킹파우더를 넣어 부풀리는 쿠키 반죽의 경우 베이킹파우더로 인해 냉동고에 장기 보관이 어렵습니다. 반죽을 장기간 냉동 보관해도 일정한 품질의 제품을 만들어 낼 수 있는 유용한 레시피입니다.

3 실온의 노른자, 바닐라 에센스를 넣고 비터로 꼼꼼히 유화시킵니다.

4 럼을 넣고 믹싱합니다.

5 함께 체 친 프랑스 밀가루 T55와 아몬드파우더를 넣고 볼 벽에 섞이지 않은 부분은 없는지 중간중간 확인하며 균일한 상태가 될 때까지 믹싱합니다.

6 반죽을 테프론 시트 위에 올리고 1.5㎝ 높이의 각봉을 양쪽에 둔
　채 테프론 시트 1장을 덮어 1.5㎝ 두께로 평평하게 밀어 편 뒤
　냉동고에서 1시간 동안 휴지시킵니다.

7 실온에서 5~10분 정도 실짝 해동시키고 지름 8㎝ 원형 쿠키 틀로
　찍어 냅니다.

8 갈레트 컵에 넣습니다.

마무리

9 윗면에 노른자를 얇게 바릅니다.

10 포크로 긁어 무늬를 낸 뒤 말돈 소금을 조금씩 뿌립니다.

11 160℃ 오븐에서 45~50분 동안 구워 낸 뒤 그대로 식힙니다.

12 완전히 식으면 쿠키 봉투에 습기 제거제와 함께 넣어 밀봉
　포장합니다.

✳ 기타 구움과자 레시피

마카롱 낭시
바닐라

우리가 흔히 아는 매끄럽고 형형색색의 보석 같은 마카롱은 1900년대 프랑스에서 탄생한 마카롱 파리지앵입니다. 옛 구움과자를 현대식으로 만드는 과자방에서 선택한 마카롱은 파리지앵 같은 현대식 마카롱이 아니라 옛날 프랑스 낭시 지방의 수녀원에서 만들어 먹던 최초의 마카롱, 바로 마카롱 낭시입니다. 아몬드가루가 듬뿍 들어가 쫀득한 식감을 가진 낭시는 일반 마카롱과 달리 색소를 넣지 않고 윗면에 멋스러운 크랙을 가졌으며 밝은 갈색의 구움색을 띱니다. 마카롱 낭시는 아몬드의 진하고 고소한 맛 자체를 깊게 즐기는 과자로, 사블레 쿠키 형태를 띠고 있습니다. 과자방에서는 이 맛있는 낭시를 두 겹으로 포개어 현대식 마카롱으로 표현했습니다. 마카롱 낭시 특유의 진한 아몬드 풍미를 살려 줄 필링으로는 달지 않고 풍미 깊은 바닐라 가나슈를 선택했습니다. 가나슈의 수분이 시간이 지나면서 고르게 퍼져 더욱 쫀득한 식감을 선사합니다. 아몬드의 풍미가 중요한 디저트이니만큼 고품질의 아몬드파우더를 선택하는 것이 좋습니다. 과자방에서는 이 제품을 위해 고소함이 뛰어난 스페인산 아몬드파우더를 사용하고 있습니다. 마카롱이 마르지 않도록 비닐 포장지에 담아 개별 밀봉 포장하며, 냉동고에서 1주일간 보관합니다. 냉장고로 옮긴 후에는 완벽히 해동해 3일간 맛있게 먹을 수 있습니다.

좀 더 알아보기

스페인산 아몬드 파우더

스페인산 아몬드는 보통의 미국산 아몬드와는 품종이 달라 맛과 사용법 또한 미묘하게 다르며 조금 더 고품질의 제품입니다. 스페인산 아몬드파우더는 아몬드의 고소하고 풍부한 맛을 훨씬 강하게 느낄 수 있습니다. 또한 견과류 지방의 풍미가 더욱 강하게 느껴져 더 부드러우며 입안에서 여운이 오래 남는 특징이 있습니다. 아몬드의 고소함을 강조하고 싶은 제품에 특별히 사용하는 재료입니다.

A 가나슈

생크림	30g
타히티 바닐라 빈	1g
화이트초콜릿	67g
트리몰린	6g
발효 버터	7g

B 바닐라 시럽

물	67g
설탕	42g
타히티 바닐라 빈	1.2g

C 코크

아몬드파우더(스페인산)	83g
분당	120g
옥수수전분	8g
흰자	30g
디종 아몬드	10g

A 가나슈

1 냄비에 생크림, 타히티 바닐라 빈의 깍지와 씨를 긁어 넣고 중불에서 거품기로 저으면서 한 번 끓어오를 때까지 끓인 뒤 랩을 씌워 30분 동안 우립니다.

2 다시 한 번 끓인 뒤 체에 거르고 30g이 되도록 생크림(분량 외)을 추가합니다.

3 계량컵에 화이트초콜릿, 트리몰린을 넣고 전자레인지로 40℃까지 녹입니다.

팁▶ 너무 오래 돌리면 화이트초콜릿이 타 버리므로 낮은 출력에서 1분씩 끊어 가며 초콜릿이 녹은 정도를 살핍니다.

4 3에 2를 3번 나누어 넣고 유화시킵니다.

5 40℃까지 식으면 큐브 모양으로 썬 20℃의 발효 버터를 넣고 핸드블렌더로 완벽하게 유화시켜 매끄러운 가나슈를 만듭니다.

팁▶ 용기의 바닥, 모서리 등은 잘 섞이지 않을 수 있으니 중간중간 주걱으로 볼의 벽과 바닥을 긁어 가며 꼼꼼히 섞어 줍니다. 가나슈의 적정 완성 온도는 35~40℃이며 이보다 온도가 더 낮을 경우 버터가 굳으면서 초콜릿 필링과 제대로 섞이지 않아 식감이 좋지 않을 수 있습니다. 이때는 온도를 살짝 올린 뒤 다시 갈면 해결할 수 있습니다. 만약 더 높은 온도로 완성될 경우에는 버터가 녹아 버려 부드럽게 녹아내리는 버터의 특성을 잃게 되고 가나슈가 단단해져 되돌릴 수 없습니다.

9

10

11

12

14

17

6 밀폐 용기에 옮겨 담아 랩을 밀착시키고 냉장고에서 12시간 동안 보관합니다.

> **팁▶** 핸드블렌더의 헤드 부분이 가나슈에 충분히 잠겨야 기포가 발생하지 않으므로 해당 레시피를 4배 분량 만들어 필요한 만큼 계량아서 사용하는 것을 추천합니다. 시용하기 2시간 전에 실온에 꺼내 두었다가 사용합니다.

B 바닐라 시럽

7 냄비에 모든 재료를 넣고 끓여 랩을 씌우고 30분 동안 우린 다음 식혀 밀폐 용기에 남아 보관합니다.

> **팁▶** 밀폐 용기에 담아 냄새를 차단하고 냉장고에 보관하면 3주 동안 사용 가능합니다.

C 코크

8 믹서볼에 모든 재료를 넣고 중속으로 10분 동안 뽀얗게 될 때까지 믹싱합니다.

> **팁▶** 중간중간 볼 벽면에 붙은 반죽을 긁어 균일한 상태로 만듭니다.

9 유산지를 깐 베이킹팬을 저울에 올리고 반죽을 짤주머니에 담아 일정한 크기로 약 12g씩 짭니다.

10 붓으로 표면에 물(분량 외)을 충분히 발라 숩니다.

11 윗면의 모양을 다듬어 155℃ 오븐에서 6분 동안 굽고 팬의 앞뒤를 돌려서 4분 더 구워 밝은 갈색의 코크를 만듭니다.

12 구워져 나오자마자 유산지를 들어 올려 분무기로 베이킹팬과 유산지에 물을 충분히 뿌립니다.

13 유산지를 다시 내려 그대로 완전히 식힙니다.

> **팁▶** 오븐에서 코크가 구워지면서 날리거나 깨지는 등 제품이 손상될 수 있으므로 1.2배 정도의 분량으로 여유 있게 만드는 게 좋습니다.

마무리

14 C(코크)의 바닥면을 B(바닐라 시럽)에 살짝 담가 적십니다.

15 C(코크)들 비슷한 크기끼리 찍을 지어 모이 둡니다.

16 A(가나슈)를 짤주머니에 담고 15의 코크 절반을 뒤집어 8~10g씩 짭니다.

17 남은 코크 절반을 짝을 맞추어 덮은 뒤 냉장고에서 하루 동안 숙성시킵니다.

> **팁▶** 냉장 보관하면 숙성시킨 다음날부터 약 3일 동안 맛있게 먹을 수 있습니다.

🌸 기타 구움과자 레시피

팽 드 젠

팽 드 젠은 대중적으로 많이 알려진 파운드케이크와 식감과 맛이
비슷하지만 파운드케이크에 비해 아몬드가 다량 들어가 더욱 고소하고
풍미가 좋으며 촉촉하다는 특징이 있습니다. 아몬드 케이크라고
보아도 무방하며, 보통은 아몬드 페이스트(마지팬)를 다량 넣어서
반죽을 만드는데, 시판 마지팬이 없어도 직접 마지팬을 만들어
완성하는 방법을 소개합니다. 팽 드 젠은 '제노바의 빵'이라는 뜻으로,
전쟁 당시 프랑스군이 이탈리아 제노바 지역을 점령하고 그 승리를
기념해서 제노바 지역 특산물인 아몬드를 많이 넣어 만든 과자라고
하며 동그란 꽃무늬가 연상되는 틀에 구워 냅니다. 클래식한 팽 드
젠에 과일잼과 코냑을 넣은 글라세를 더해 과자병민의 특별함을 담아
완성했습니다. 평소 파운드케이크를 좋아하지 않던 고객들로부터 아주
맛있다는 극찬을 받았던 제품입니다. 덕분에 클래식한 전통 제품이라도
얼마든지 색을 입혀 큰 사랑을 받을 수 있다는 걸 알게 되었지요.
6등분하여 비닐포장지에 넣고 건조해지지 않도록 밀봉 포장한 뒤,
서늘한 상온에서 2일간 판매합니다. 맛있게 먹을 수 있는 기간은
5일입니다. 수분감이 있는 과자이므로 오래 보관할수록 과자의 식감과
맛에 변형이 올 수 있습니다. 오래 두고 판매할 계획이라면 제품의
상태를 지속적으로 체크해야 합니다.

좀 더 알아보기

코냑

프랑스 코냐크(Cognac) 지방에서 생산하
는 포도주를 증류하여 오크통에 숙성시킨
고급 브랜디의 일종입니다. 특정 지역의 이
름이 포함된 만큼 코냑 지방에서 생산된 브
랜디만 코냑이라는 명칭으로 불러야 합니
다. 코냑은 숙성 기간에 따라 등급이 나뉘
는데 vs, vsop, xo 등의 등급이 있습니다.
대중에게 많이 알려진 코냑으로는 헤네시
(hennessy), 레미 마틴(Remy Martin)
등이 있습니다. 제과에서는 케이크의 풍미
를 올리기 위한 목적으로 소량 사용합니다.

A 틀 준비

발효 버터	적당량
아몬드 슬라이스	적당량

B 마지팬

아몬드파우더	221g
분당	96g
흰자	19g
디종 아몬드	13g
물엿	29g

C 뵈르 누아제트

발효 버터	136g

D 팽 드 젠

B(마지팬)	374g
달걀	250g
분당	76g
디종 아몬드	12g
럼	12g
▶ 네그리타 오리지널 44%	
바닐라 에센스	10g
▶ 프로바 바닐프로 200	
프랑스 밀가루 T55	76g
베이킹파우더	4g

A 틀 준비

1 지름 20㎝, 높이 3㎝ 원형 타르트 틀에 약 20℃ 정도의 부드러운 발효 버터(포마드 상태)를 넉넉히 발라 줍니다.

2 아몬드 슬라이스를 예쁘게 배열해 붙이고 냉장고에 보관합니다.

B 마지팬

3 볼에 모든 재료를 넣고 손으로 치대어 섞습니다.

   팁▶ 액체의 양이 적기 때문에 라텍스 장갑을 끼고 손으로 치대듯이 반죽하는 편이 쉽습니다.

4 랩으로 감싸 실온에서 1시간 동안 휴지시킵니다.

   팁▶ 마지팬은 들어간 수분의 양이 적기 때문에 만들어 바로 사용하는 것보다 반죽에 수분이 골고루 잘 퍼져 매끄러운 상태가 될 수 있도록 1시간 정도 휴지시킨 뒤에 사용하는 것이 좋습니다.

C 뵈르 누아제트 `p.124 참고`

5 냄비에 발효 버터를 넣고 가열해 뵈르 누아제트를 만듭니다.

D 팽 드 젠

6 믹서볼에 B(마지팬)를 넣고 비터로 부드럽게 풀어 줍니다.

7 달걀을 30℃로 데운 뒤 6에 조금씩 흘려 넣으며 덩어리가 없도록 잘 풀어 줍니다.

팁▶ 반죽 온도가 26~30℃보다 낮다면 중탕으로 온도를 올려 줍니다.

8 체 친 분낭을 넣고 비터로 믹싱해 뽀얗게 될 때까지 공기를 포집합니다.

팁▶ 기포가 너무 과하게 포집되어 지나치게 가벼운 식감으로 완성되는 것을 방지하기 위해 거품기가 아닌 비터를 사용합니다.

9 반죽을 들어 올려 리본 모양으로 떨어뜨려 보았을 때 지국이 남아 있는 뤼방(ruban) 상태가 되면 디종 아몬드, 럼, 바닐라 에센스를 넣고 믹싱합니다.

10 함께 체 친 프랑스 밀가루 T55와 베이킹파우더를 넣고 주걱으로 기포가 꺼지지 않게 조심하며 바닥에서 떠 올리듯이 날가루가 없어질 때까지 가볍게 섞어 줍니다.

팁▶ 뵈르 누아제트를 넣고 또 섞어야 하기 때문에 기포가 너무 꺼지지 않도록 가볍게 섞어 줍니다. 만약 기포가 많이 꺼지면 볼륨이 낮고 묵직한 식감으로 만들어집니다.

11 C(뵈르 누아제트)의 온도를 50℃로 맞춘 뒤 10의 반죽 일부를 넣고 섞은 다음 다시 남은 반죽에 넣어 조심스럽게 섞어 줍니다.

팁▶ 반죽에 따뜻한 유지를 한번에 다 넣으면 유지가 바닥으로 착 가라앉아 버립니다. 그럼 반죽과 버터를 섞기 위해 여러 번에 걸쳐 바닥부터 띠 올리며 섞어야 하고 이 과정에서 애써 포집했던 기포가 대부분 사라져 버려 가볍고 폭신한 식감의 제품을 만들기가 어렵습니다.

E 살구잼

┌ 살구잼   100g
│ 레몬즙   4g
└ 디종 살구   4g

F 코냑 글라세

┌ 분당   100g
│ 물엿   8g
│ 레몬즙   8g
└ 코냑   8g

12-2

12-1

14

12 A(틀 준비)에 440g씩 붓고 주걱으로 틀 높이까지 반죽을 끌어 올립니다.
13 170℃ 오븐에서 약 25~30분 정도 굽습니다.

E 살구잼
14 볼에 모든 재료를 넣고 골고루 섞습니다.

F 코냑 글라세
15 볼에 모든 재료를 넣고 덩어리가 없도록 섞어 줍니다.

마무리

16 다 구워진 D(팽 드 젠)를 오븐에서 꺼내 식힘망에 뒤집어 꺼냅니다.

17 뜨거운 상태일 때 붓으로 E(살구잼)를 얇게 한 겹 바릅니다.

> **팁▶** 잼을 뜨거울 때 바르면 제품이 서서히 식으면서 흡수가 더 잘 되며 풍부한 향과 산미를 더해 맛을 배가시킵니다. 반드시 살구잼일 필요는 없기 때문에 선호하는 과일잼을 발라도 괜찮습니다.

18 완전히 식혀 살구잼이 굳었다면 F(코냑 글라세)를 한 겹 바릅니다.

19 125℃ 오븐에서 손으로 만져도 묻어 나오지 않을 때까지 5분 정도 구운 뒤 식힙니다.

> **팁▶** 올사이스 그대로 또는 조각으로 잘라 판매합니다.

가토 대흥

과자방이 위치한 대흥동의 '大' 자를 윗면에 선명하게 새긴 과자방의
대표 쿠키입니다. 프랑스 바스크 지방의 전통 디저트인 가토
바스크에서 착안했습니다. 오리지널 가토 바스크는 바스크 지역
특산물인 체리잼과 프랑지판 크림이 들어가는 것이 특징입니다.
겉은 쿠키보다 부드럽고, 빵보다는 바삭한 식감의 바스크 반죽으로
감싸져 있습니다. 프랑지판 크림은 커스터드 크림이라 불리우는 크렘
파티시에와 아몬드 크림을 섞어 단단하면서 부드러운 식감을 가진
크림으로 오븐에서 구워야 완성됩니다. 명칭은 '크림'이지만 마치
카스텔라 같은 식감의 구운 크림이지요. 과자방만을 위한 쿠키를
만들기 위해, 매장이 위치한 서울 대흥동에서 특산물처럼 사용하면
좋을 재료에 대해 고민하던 중 붕어빵이 떠올랐습니다. 팥이 들어간
달콤한 붕어빵은 참으로 긴 시간 동안 전 국민에게 사랑받고 있는
디저트이지요. 한국적인 색을 가득 담은 팥과 유럽의 쿠키가 만나
탄생한 가토 대흥은 처음 출시했을 때부터 지금까지 넓은 연령층에서
변함없는 사랑을 받고 있습니다. 팥과 바닐라를 이어 준 재료를
고심하다가 가장 좋아하는 향신료 중 하나인 통카 빈을 갈아 넣어
풍부한 향을 더했습니다. 쿠키 윗면에 새긴 큰대 '大' 자는 이 쿠키를
드시는 모든 분들이 대성하길 바라는 셰프의 마음입니다.
구운 당일은 바삭한 것이 매력이지만, 과자가 마르지 않도록 밀폐
포장지에 담아 보관한 뒤 다음날 먹으면 과자의 수분이 겉면의
쿠키까지 고르게 퍼져 안쪽 크림과 함께 더욱 맛있게 먹을 수
있습니다. 서늘한 상온에서 2일간 판매하며 상하기 쉬운 팥이
들어갔으므로 개봉 후 3일 이내에 빠르게 먹길 권장합니다.

좀 더 알아보기

팥

제과제빵에서 두루두루, 널리 사용하는 재
료인 팥은 주로 팥앙금의 형태로 사용합니
다. 팥알이 살아 있는 통팥 앙금을 사용해
씹는 재미를 주거나 설탕 함량을 줄이는 등
만드는 사람의 기호나 용도에 맞게 선택해
사용할 수 있습니다.

통밀가루

정제하지 않고 밀 전체를 제분하여 완성한
밀가루로 일반적으로 밝은 갈색을 띱니다.
정제한 밀보다 영양소가 풍부하고 특유의
거친 식감이 있으며 씹을수록 구수함이 느
껴집니다. 파운드케이크나 타르트 반죽 등
구수함이 잘 어울리는 제품에 정제 밀가
루(일반 밀가루)의 일부를 대체하여 사용
합니다. 글루텐 함량이 낮기 때문에 제품에
따라 적절하게 혼합해 사용합니다.

프랑지판 크림

원하는 식감에 따라 아몬드 크림과 크렘 파
티시에의 비율을 조절해 만듭니다. 프랑지
판 크림에 크렘 파디시에의 비율을 늘리면
수분감이 높아져 촉촉하지만 오래 보관하는
제품이라면 적합하지 않을 수 있습니다. 크
렘 파티시에의 비율을 높인 프랑지판 크림
은 농후하여 과일 필링과도 잘 어울립니다.

20개 분량

A 바스크 반죽

발효 버터	300g
설탕	150g
흑설탕	150g
레몬 제스트	4g
달걀	90g
프랑스 밀가루 T55	450g
통밀가루	50g
베이킹파우더	4g

B 아몬드 크림

발효 버터	152g
황설탕	137g
소금	1.5g
달걀	137g
아몬드파우더	152g

A 바스크 반죽

1 믹서볼에 약 20℃의 부드러운 발효 버터를 넣고 비터로 가볍게 풀어 줍니다.

2 설탕, 흑설탕, 레몬 제스트를 넣고 버터가 한 톤 밝아질 정도까지 믹싱합니다.

팁▶ 레몬 제스트와 설탕은 p.58을 참고해 만들어 사용하면 향이 더욱 좋습니다.

3 실온(약 20℃)의 달걀을 5번 나누어 넣으며 믹싱해 매끄럽게 유화시킵니다.

팁▶ 버터(유지)와 달걀(수분)을 섞는 과정으로 물과 기름을 섞는것과 같은 단계입니다. 이 과정에서 반죽이 쉽게 분리되기 때문에 달걀을 넣는 매 횟수마다 주걱으로 볼 벽이나 바닥에 섞이지 않은 재료가 없는지 꼼꼼히 확인해 완벽하게 유화시키는 것이 중요합니다.

4 함께 체 친 프랑스 밀가루 T55, 통밀가루, 베이킹파우더를 넣고 한 덩어리가 될 때까지 믹싱합니다.

5 반죽을 작업대로 옮겨 균일한 상태가 되도록 손으로 눌러 으깨듯이
  치대어 섞습니다.

6 반죽을 사각형 모양으로 다듬은 뒤 랩으로 감싸 24시간 동안
  냉장고에서 휴지시킵니다.

7 휴지시킨 반죽을 테프론 시트 위에 올리고 덧가루를 충분히 뿌린
  뒤 3㎜ 두께로 밀어 폅니다.

8 바닥용은 지름 14~16㎝, 뚜껑용은 지름 9㎝ 원형 쿠키 틀로 각각
  찍어 반죽이 마르지 않게 테프론 시트 사이에 넣고 전체를 랩으로
  감싸 냉장고에서 24시간 동안 보관합니다.

B 아몬드 크림

9 믹서볼에 20~22℃의 부드러운 발효 버터를 넣고 비터로 가볍게
  풀어 줍니다.

10 황설탕과 소금을 넣고 믹싱합니다.

11 20~22℃의 달걀을 여러 나누어 흘려넣으면서 골고루 믹싱합니다.

12 체 친 아몬드파우더를 넣고 가루가 보이지 않을 때까지 믹싱한
  뒤 밀폐 용기에 옮겨 담고 랩을 밀착시켜 냉장고에서 7일 동안
  보관합니다.

C 크렘 파티시에

┌ 우유	240g
│ 타히티 바닐라 빈	2.4g
│ 노른자	48g
│ 설탕	38g
│ 프랑스 밀가루 T55	11g
│ 옥수수전분	11g
│ 통카 빈	0.5g
└ 발효 버터	19g

C 크렘 파티시에

13 냄비에 우유, 타히티 바닐라 빈의 씨와 깍지를 넣고 거품기로 저으면서 중앙이 끓을 때까지 가열한 뒤 랩을 씌워 30분 동안 우립니다.

14 볼에 노른자, 설탕을 넣고 거품기로 뽀얗게 될 때까지 섞어 줍니다.

팁▶ 노른자에 설탕이 닿은 채로 10초 이상 그대로 두면 노른자가 덩어리지는데 이를 두고 '설탕에 노른자가 익었다'라고 표현하기도 합니다. 노른자에 설탕을 넣을 땐 지체하지 말고 바로 거품기로 저어 주도록 합니다.

15 함께 체 친 프랑스 밀가루 T55와 옥수수전분을 넣은 뒤 날가루가 보이지 않고 뽀얗게 될 때까지 다시 한 번 섞어 줍니다.

16 13을 체에 걸러 넣고 섞어 줍니다.

17-1

17-2

18

19

17 다시 냄비로 옮겨 간 통카 빈을 넣고 중불에서 거품기로 잘 저으면서 끓여 크렘 파티시에를 만듭니다.

18 불에서 내려 발효 버터를 넣고 핸드블렌더로 갈아 줍니다.

19 트레이에 펼쳐 넣고 랩을 밀착시켜 냉동고에서 15분 동안 빠르게 식힙니다.

팁▶ 크렘 파티시에는 냄비에서 끓기 시작한 뒤 대략 50초~1분(우유 1ℓ 기준)의 조리 시간이 소요됩니다. 되직한 형태의 크림을 끓일 때는 미지 누룽지 같은 갈색으로 번히면서 냄비 비닥에 굉장히 잘 눌어붙습니다. 따라서 매끈한 크림으로 끓이기 위해서는 눌어붙지 않도록 끊임없이 잘 저어 주어야 합니다. 불 위에서 계속 젓다 보면 크림이 걸쭉해지고 보글보글 끓기 시작합니다. 더 끓이다 보면 걸쭉했던 크림이 갑자기 탁 풀리면서 가볍게 느껴집니다. 이 순간이 바로 크렘 파티시에의 조리가 끝난 시점입니다. 작업을 하며 손으로 그 감각을 잘 느껴 보세요. 그 이상 가열하지 않도록 주의합니다.

오버쿡할 경우 크렘 파티시에 속 전분의 구조가 파괴되어 크림이 매우 거칠어지기 때문에 사용할 수 없게 됩니다. 또 우유와 노른자로 끓이는 크림인 만큼 소비 기한이 짧습니다. 계속 따뜻한 상태로 두면 미생불 번식이 활발하게 일어납니다. 따라서 미생물이 번식하지 않도록 크림을 끓인 뒤에는 바로 트레이에 얇게 펼쳐 놓고 랩을 밀착시켜 냉동고에서 15분 동안 빠르게 식혀 준 뒤 밀폐 용기에 옮겨 담아 다시 랩을 밀착시키고 냉장 보관해 이틀 동안 사용합니다. 조리 도구와 보관 용기 등 사용하는 도구도 반드시 잘 소독해야 한다는 점을 유의하세요.

D 프랑지판 크림

C(크렘 파티시에) : B(아몬드 크림) = 1 : 2

마무리
- 통팥 앙금   400g
- 노른자   적당량

D 프랑지판 크림

20 C(크렘 파티시에)와 B(아몬드 크림)를 1:2의 비율로 계량해 준비합니다.

21 믹서볼에 B(아몬드 크림)를 넣고 비터로 믹싱해 부드럽게 풀고 온도를 20~22℃로 맞춥니다.

    팁▶ 온도를 빠르게 올리기 위해 토치를 사용해도 좋습니다.

22 20℃로 온도를 맞춘 C(크렘 파티시에)를 3번에 나누어 넣으며 믹싱해 매끄러운 크림 상태로 만듭니다.

    팁▶ 크림이 찰진 편이기 때문에 덩어리가 생기지 않도록 중간중간 주걱으로 볼의 바닥과 벽을 긁어 가며 충분히 풀어 줘야 합니다. 완성한 프랑지판 크림은 밀폐 용기에 담아 냉장고에서 5일 동안 보관 가능합니다.

마무리

23 버터(분량 외)를 칠한 지름 8㎝, 높이 2㎝ 타르트 링에 8의 지름
14~16㎝ 원형 반죽을 퐁사주합니다.

팁▶ 퐁사주(fonçage)란, 반죽을 틀에 넣어 바닥과 벽면에 눌러
붙이는 작업을 뜻하는 프랑스어입니다. 틀에 끼워 넣는다는 뜻으로
주로 파이나 타르트를 만들 때 제품의 모양을 일정하게 만드는
기법입니다. 반죽을 틀에 끼워 넣고 여분의 반죽을 잘라 틀과 같은 높이
또는 원하는 높이로 깔끔하게 만드는 과정까지를 의미합니다.

24 테프론 시트를 깐 베이킹팬에 올린 뒤 통팥 앙금 20g을 평평하게
넣습니다.

25 그 위에 D(프랑지판 크림) 40g을 짜 넣습니다.

26 남은 지름 9㎝ 원형 반죽을 올린 뒤 손으로 살짝 눌러 줍니다.

27 밀대로 밀어 반죽을 붙이고 옆면에 남은 반죽은 제거합니다.

28 윗면에 노른자를 얇게 바릅니다.

29 젓가락으로 큰대자(大)를 그린 뒤 타공 매트를 깐 베이킹팬으로
옮기고 170℃ 오븐에서 50분 동안 굽습니다.

팁▶ 30분 구운 뒤 팬의 앞뒤를 뒤집어 줍니다.

30 한 김 식힌 뒤 미지근할 때 칼로 조심스럽게 틀에서 빼냅니다.

대추 플로랑탱

품질 좋은 보은대추에 프랑스 럼, 통카를 더한 향신료를 넣어
72시간 숙성시킨 뒤, 손질한 호두와 함께 사용한 플로랑탱입니다.
잘 구워진 사블레에 캐러멜 아파레유까지 더해 감미는 낮고 식감은
부드러우며 대추의 맛이 풍부하고 선명한 한국식 플로랑탱을
완성했습니다. 플로랑탱은 '피렌체의'란 뜻을 가신 과사모,
피렌체 메디치가의 딸 카브린이 결혼하면시 프랑스로 이 쿠키를
가져왔다고도 하고, 프랑스 궁중에서 메디치가 손님을 대접하기
위해 만들었다고도 전해집니다. 이후로 프랑스 대표 티 푸드로
자리매김하게 되었으며, 왕족이 즐겨 먹던 고급 디저트입니다.
클래식한 플로랑탱은 아몬드 슬라이스가 올라가지만 과자방에서는
한국적인 재료를 더해 과자방만의 플로랑탱을 만들어 보았습니다.
친숙한 우리 재료에 맛도 풍부한 대추 플로랑탱은 특히 명절에
더 잘 어울립니다. 구운 당일에 먹어도 좋지만 위에 올린 대추와
아파레유, 바삭한 쿠키가 일체감 있는 다음날부터가 더 맛있습니다.

좀 더 알아보기

말린 대추

보은대추, 경산대추 등 말린 대추는 우리
나라에서 쉽게 구할 수 있는 재료입니다.
대추는 사이즈별로 디양한 선택지가 있는
네, 과자를 만들 때는 너무 큰 대추보다는
26~28㎜(상초 또는 별초) 정도 크기의 상
품을 추천합니다. 대추의 크기가 클수록 가
격 또한 높아지기 때문에 생산해서 판매하
기에 합리저인 가겨대의 대추를 사용하는
것이 좋습니다. 또 민악 대추기 많이 말라
과육이 얇아지면 오븐에 구웠을 때 너무 낙
딱하게 굳어 먹기가 어렵습니다. 따라서 과
육이 풍부하고 수확한 지 오래되지 않아 수
분감이 어느 정도 남아 있는 말린 대추를
사용하는 것이 맛과 식감에 유리합니다.

A 대추 절임

말린 대추(씨를 제거한)	136g
럼	22g
계핏가루	1g
통카 빈	0.5g
흑설탕	18g
물	10g

B 로스팅 호두

호두	150g

C 아파레유

생크림	74g
마스카르포네	19g
물엿	46g
올리고당	46g
설탕	138g
버터	92g

A 대추 절임

1 대추를 돌려 깎아 씨를 제거합니다.
2 끓는 물에 30초 정도 데친 뒤 체에 걸러 물기를 제거합니다.
3 데친 대추를 비슷한 크기가 되도록 3~4조각으로 자릅니다.
4 볼에 럼, 계핏가루, 간 통카 빈, 흑설탕, 물을 넣고 전자레인지로 50~60℃까지 데웁니다.
5 볼에 3, 4를 넣고 버무려 줍니다.
6 밀폐 용기에 옮겨 담아 랩을 밀착시킨 후 72시간 동안 냉장고에서 숙성시킵니다.

B 로스팅 호두

7   끓는 물에 호두를 넣어 데친 뒤 깨끗한 물로 헹굽니다.

8   테프론 시트를 깐 베이킹팬에 펼쳐 놓고 160℃ 오븐에서 15분
     정도 구운 뒤 식힙니다.

9   ¼ 크기로 부숩니다.

C 아파레유

10 냄비에 모든 재료를 넣고 주걱으로 저으면서 110℃까지 끓입니다.

     팁▶ 아파레유가 탈 수 있어 잘 저으면서 끓여야 하는데 점도가
     생기면서 뜨거운 액체가 사방으로 튀어 오르기 때문에 보호 안경,
     팔토시, 장갑 등의 보호 장구를 착용하고 조리해야 합니다.

11 A(대추 절임)와 B(로스팅 호두)를 따뜻한 상태로 넣고 버무려 대추
     절임의 향신료 향이 전체적으로 퍼질 수 있도록 합니다.

     팁▶ 아파레유는 냉장 또는 냉동 보관했다가 따뜻하게 데운 뒤 다시
     한번 골고루 섞어 사용할 수 있습니다.

재
료

D 사블레 반죽

발효 버터	115g
프랑스 밀가루 T55	231g
베이킹파우더	2.2g
분당	115g
소금	1.3g
달걀	46g

D 사블레 반죽

12 발효 버터는 엄지손톱 크기로 썰면 프랑스 밀가루 T55, 베이킹파우더, 분당, 소금은 함께 체친 뒤 모두 볼에 넣어 냉동고에서 15분 동안 차갑게 식힙니다.

13 비터로 버터가 콩알만 한 크기로 줄어들 때까지 믹싱합니다.

> **팁▶** 버터를 콩알 크기로 반죽에 퍼트리는 사블라주 기법입니다. 버터와 가루가 모두 차가워야 버터가 녹거나 퍼지지 않기 때문에 반죽에 고르게 분포된 상태로 만들 수 있습니다. 버터가 고르게 분포된 상태의 반죽이 오븐에 들어가 열을 받으면 버터 속 소량의 수분이 기화하며 반죽을 들어 올려 바삭한 식감을 만듭니다.

14 차가운 달걀을 넣고 색이 전체적으로 노랗게 바뀌고 한 덩어리가 될 때까지 믹싱합니다.

15 반죽을 작업대로 옮겨 손으로 꼼꼼하게 치대어 균일한 상태로 만듭니다.

16 반죽을 사각형으로 만든 뒤 랩으로 감싸 냉장고에서 24시간 동안 휴지시킵니다.

17 휴지시킨 반죽을 7~8㎜ 두께로 밀어 폅니다.

18 지름 7㎝ 원형 쿠키틀로 찍어(약 25g) 타공 매트를 깐 베이킹팬에 틀째로 올립니다.

19 170℃ 오븐에서 8~10분 동안 밝은 갈색이 날 때까지 **구운** 뒤 그대로 식힙니다.

20 틀에서 빼 사블레 둘레에 맞게 자른 실리콘 매트를 누른 뒤 나시 틀을 끼웁니다.

마무리

21 사블레 1개당 C(아파레유) 31g을 넣습니다.

22 170℃ 오븐에서 16분 동안 굽고 중간에 앞뒤를 돌려 주어 색이 균일하게 나도록 합니다.

팁▶ 우녹스 오븐보다 바람이 솜 너 약한 스메그 오븐 기순입니다. 우녹스 오븐에 구울 경우 160℃로 예열하고 색을 확인하며 구워 줍니다.

23 틀째로 식힌 뒤 틀과 실리콘 매트를 조심스레 제거합니다.

진저 코코
사블레

사블레는 앞서 소개한 갈레트와는 다르게 경쾌하면서 바삭한
식감을 지닌 진한 버터 풍미의 비스킷입니다. 프랑스어로 '모래'라는
의미이며, 이름처럼 과자의 식감이 입안에서 모래처럼 바사삭
부서지는 게 특징입니다. 과자방에서는 매년 12월 크리스마스
즈음에 구움과자 박스를 만드는데, 그 구성품 중 하나로 진저 코크
사블레를 넣고 있습니다.

크리스마스 하면 자연스레 떠오르는 진저브레드 쿠키에서 착안한
제품으로, 포근한 느낌의 코코넛을 듬뿍 넣어 생상향이 노느라시시
않아 호불호 없이 누구나 편하게 먹을 수 있습니다. 크리스마스
시즌을 보내고 쿠키에 대해 좋은 피드백을 많이 받아 지금은
사계절 내내 쇼케이스에 선보이는 쿠키가 되었습니다. 사블레
종류는 구워서 완벽히 식힌 후, 바삭한 식감을 유지하기 위해 습기
제거제를 넣고 외부의 공기와 습기를 차단할 수 있는 포장 용기에
담아, 서늘한 상온에서 약 5일간 보관 및 판매하고 약 10일간
맛있게 먹을 수 있습니다. 오래 보관할수록 버터의 풍미가 미묘하게
날아가므로, 재료의 향과 맛이 최대한 발현되는 순간을 찾아내는
것이 중요합니다.

좀
더
알
아
보
기

생강가루

생강가루는 생강의 향과 알싸한 맛이 모두
담겨 있어 아주 소량만으로도 제품의 맛에
레이어를 쌓기 좋은 재료입니다. 강한 단맛
혹은 지방이 풍부한 재료들 사이에서 악센
트를 주기에 좋으며 가늘 겨울 시즌에 정향
등과 함께 사용하면 더 잘 어울립니다. 가
을철에 많이 만드는 사과 디저트 타탕이나
사과 파이와도 궁합이 좋으며 캐러멜 등과
같이 단맛이 강한 디저트에 사용하면 포인
트 역할을 합니다.

A 쿠키 반죽

발효 버터	100g
분당	70g
바닐라파우더	1g
소금	1g
생강가루	0.8g
달걀	25g
바닐라 에센스	2g
▶ 프로바 바닐프로 200	
코코넛 리큐어	2g
▶ 말리부	
프랑스 밀가루 T55	100g
코코넛파우더	20g

마무리

물	적당량
코코넛파우더	적당량

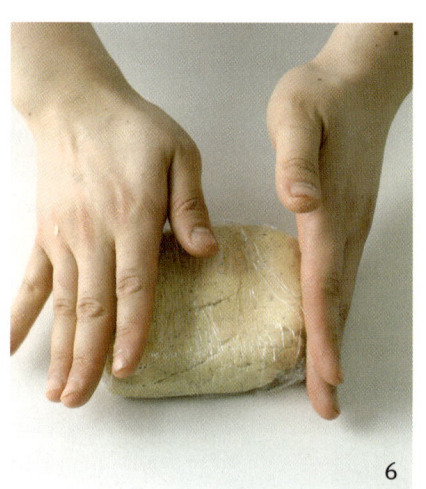

A 쿠키 반죽

1 볼에 부드러운 발효 버터(약 20℃)를 넣고 주걱으로 고르게 풀어 줍니다.

2 함께 체 친 분당, 바닐라파우더, 소금, 생강가루를 넣고 주걱으로 약 20~25번 정도 균일한
　　상태가 될 때까지 섞어 줍니다.
　　팁▶ 버터를 휘핑해 공기가 포집되지 않도록 주의합니다. 공기 포집을 할 경우 쿠키가 퍼진 상태로
　　구워집니다.

3 달걀, 바닐라 에센스, 코코넛 리큐어를 넣고 주걱으로 약 15~20번 정도 반죽에 수분이
　　잘 스며들도록 누르듯이 섞어 줍니다.

4 함께 체 친 프랑스 밀가루 T55, 코코넛파우더를 넣고 주걱으로 날가루가 보이지 않고
　　한 덩어리가 될 때까지 자르듯이 섞어 줍니다.

5 스크레이퍼로 볼 벽면에 누르듯이 치대어 고른 상태로 만듭니다.
　　팁▶ 작업대 위에서 손으로 누르듯이 치대어 반죽해도 됩니다.

6 반죽을 사각형으로 만들어 랩으로 감싸고 냉장고에서 최소 6시간 동안 휴지시킵니다.
　　팁▶ 냉동고에 보관해 두었다가 사용 가능합니다.

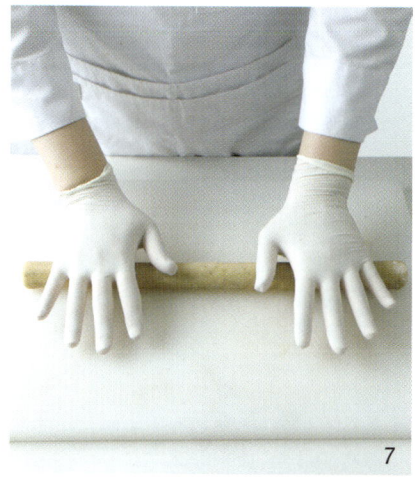

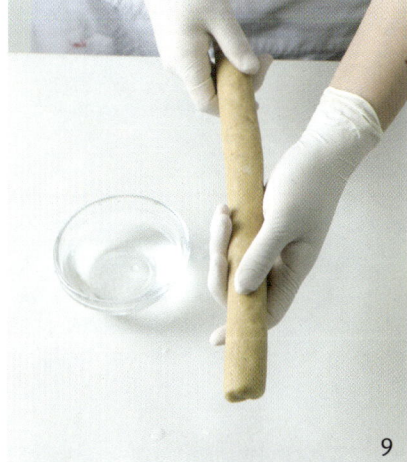

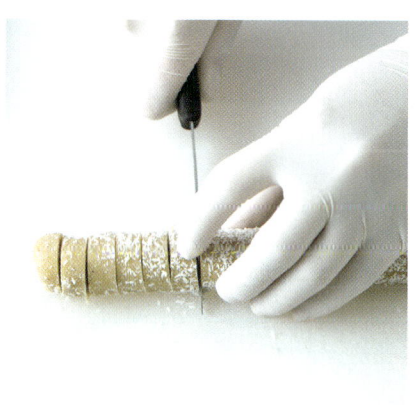

7 반죽을 길이 약 40㎝, 지름 2~2.5㎝ 정도의 긴 가래떡 모양으로 두께가 균일하게 만듭니다.

팁▶ 분량을 늘렸을 경우, 250g씩 분할하고 남는 것은 고르게 분배해 시웁니다.

8 냉동고에서 24시간 동안 휴지시킵니다.

마무리

9 A(쿠키 반죽) 겉면에 물을 묻힙니다.

10 유산지를 깐 베이킹팬에 코코넛파우더를 넉넉히 놓고 그 위에 9를 굴려 코코넛파우더를 골고루 묻힙니다.

11 약 1㎝ 두께(개당 10g 정도)로 자릅니다.

12 테프론 시트를 깐 베이킹 팬에 일정한 간격으로 놓습니다.

13 160℃ 오븐에서 20~23분 동안 황금갈색이 될 때까지 굽습니다.

팁▶ 오븐의 바람이 너무 세면 쿠키가 날아가거나 퍼질 수 있습니다. 따라서 바람막이를 설치한 뒤 굽거나 바람이 너무 세지 않은 오븐에 굽는 것이 좋습니다. 또한 굽는 중간(10분 정도 뒤)에 오븐 문을 열고 팬의 앞뒤를 돌려 주어 구움색이 균일하게 나도록 합니다.

파르미지아노 레지아노 사블레

세이보리 메뉴를 추가해 제품 구성에 재미를 더하기 위해 만든 제품입니다. 치즈 쿠키는 두께가 두꺼운 것보다는 얇을수록 더 맛있을 것 같나는 생각에, 사블레처럼 부시지는 식감이 사는 되형은 비스깃처럼 얇게 원성했습니다. 치즈를 반죽 안에 넣는 것보다는 밖에 묻혀 구워서 치즈가 확실하게 마이야르 반응을 일으켜 쿵미가 진하게 느껴지도록 한 것이 이 쿠키의 특징입니다. 반죽 안에 치즈가 있으면 녹은 치즈의 풍미, 치즈가 겉에 묻어 있으면 구운 치즈의 풍미를 느낄 수 있습니다. 조금은 자극적이어야 자꾸만 생각나고 손이 가는 쿠키가 될 것이라 생각하여 약간의 소금도 올렸습니다. 예상대로 결과는 성공적이었습니다. 손님들도 좋아해 주시고 무엇보다 이 쿠키를 구울 때면 작업자들부터 한두 개씩 집어 먹는 것을 멈출 수 없으니까요.

좀 더 알아보기

파르미지아노 레지아노

이탈리아 북부 파르마(Parma), 레지오 에밀리아(Reggio-emilia) 지역에서 생산되며 수분이 적어 단단한 질감의 치즈입니다. '치즈의 왕'이리고 불릴 정도로 전 세계에서 많은 사랑을 받고 있습니다. 보통 피사 조각 모양으로 진공 포장해 판매하며 개봉 후에는 냄새가 배지 않도록 잘 밀봉해 냉장 보관하고 빨리 소진하도록 합니다. 사용하기 직전에 갈아 쓰는 것이 가장 좋습니다.

30개 분량

A 쿠키 반죽

발효 버터	140g
소금	2g
황설탕	70g
노른자	30g
통밀가루	50g
프랑스 밀가루 T55	110g

마무리

파르미지아노 레지아노	적당량
말돈 소금	적당량

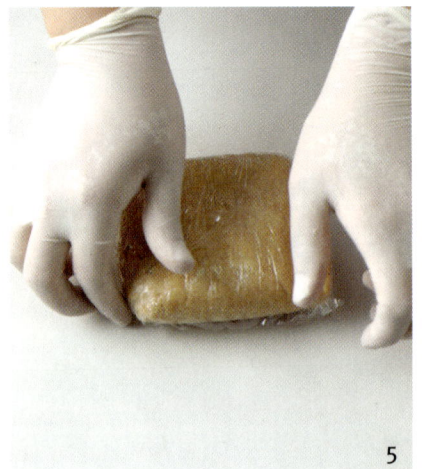

A 쿠키 반죽

1 볼에 약 20℃의 부드러운 발효 버터를 넣고 주걱으로 잘 풀어 줍니다.

2 소금, 황설탕을 넣고 약 20번 정도 주걱으로 치대며 골고루 섞습니다.

3 약 20℃의 노른자를 2번에 나누어 넣으며 주걱으로 잘 섞어 줍니다.

　팁▶ 분리된 것 없이 완벽히 섞이도록 중간중간 잘 긁어 줍니다.

4 함께 체 친 통밀가루, 프랑스 밀가루 T55를 넣어 날가루가 없고 한 덩어리가 될 때까지 주걱으로 자르듯이 섞어 줍니다.

5 반죽을 작업대로 옮겨 손으로 치대어 균일한 상태로 만든 뒤 사각형 모양으로 만들어 랩으로 감싸고 냉장고에서 24시간 동안 휴지시킵니다.

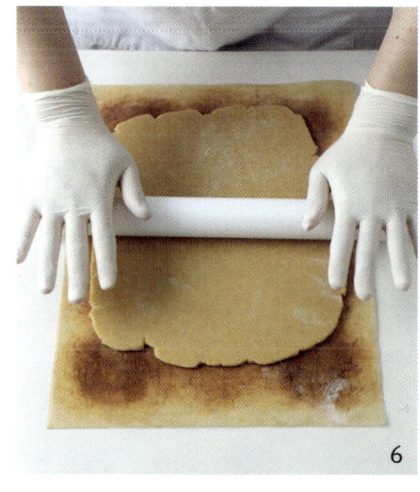

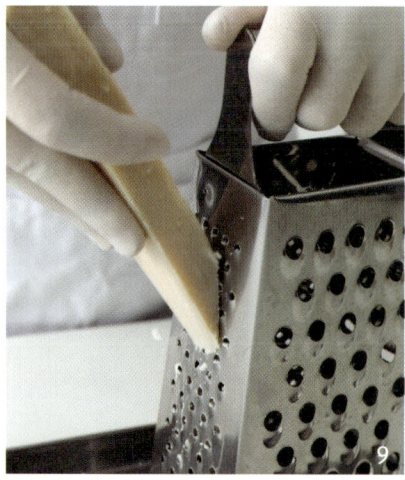

6 약 8mm 두께로 밀어 펍니다.

   팁▶ 파이롤러를 사용할 경우 반죽이 달라붙지 않도록 테프론 시트 2장 사이에 반죽을 넣고 밀어 펍니다.

7 피자칼 또는 긴 듯으로 3×5cm 직사각형으로 자릅니다.

8 냉동고에서 24시간 동안 휴지시킵니다.

   팁▶ 장기간 보관한 경우 비닐을 씌우거나 랩으로 감싸 냉동고에서 30일까지 보관 가능합니다.

마무리

9 강판에 파르미지아노 레지아노를 갑니다.

10 A(쿠키 반죽)를 꺼내 실온에서 10분 동안 해동한 뒤 앞뒷면에 9를 빼곡히 눌러 붙입니다.

11 베이킹펜에 일정한 간격으로 놓습니다.

12 말돈 소금을 조금씩 올립니다.

13 160℃ 오븐에서 15분 정도 구워 완성합니다.

   팁▶ 오븐 바람이 세도 괜찮습니다.

14 습기 제거제와 함께 포장합니다

🌸 기타 구움과자 레시피
헤이즐넛 은하수

제과 주방에서 자주 만드는 반죽 중 하나인 파트 브리제를 쓰다 보면
언제나 여유 반죽, 파지 등이 나오기 마련입니다. 버터가 가득 들어
있는 이 맛있는 반죽을 어떻게 활용할 수 있을까 고민하다가 탄생된
쿠키입니다. 토핑으로 올린 선꼬노가 오븐에서 바짝 구워지면서
쫄깃한 식감을 내고, 헤이즐넛 프랄리네와 바삭한 통헤이즐넛이
오감을 즐겁게 하는 과자방의 창작 쿠키이지요. 은하수 모양을 닮은
이 과자는 식감이 바삭할수록 맛이 좋기 때문에 비닐 포장지에 담고
습기 제거제를 넣어 밀봉 포장합니다. 매대에 두고 서늘한 상온에서
2일간 판매할 수 있지만 고소한 견과류 소스인 프랄리네가 들어가는
제품이므로 프랄리네의 품질 변화에 영향을 끼치는 온도 변화에
유의해야 합니다. 따라서 냉장 보관을 금하며 구운 뒤 4일 이내에
먹는 것이 좋습니다.

좀 더 알아보기

프랄리네
캐러멜에 견과류를 버무려 굳힌 뒤 곱게 갈
아 가루로 만들고 다시 부드러운 페이스트
형태로 만듭니다. 한마디로 달콤한 견과류
소스라고 할 수 있습니다. 프랄리네 속 나
량의 견과류 지방이 공기에 노출되며 쉽게
산패되기 때문에 완성한 프랄리네는 반드
시 밀폐 용기에 담고 햇볕이 닿지 않는 서
늘한 곳에 보관합니다. 냉장 보관할 때는
온도차가 발생하면서 오래된 견과류 냄새
가 날 수 있으니 가급적 급격한 온도 변화
에 노출되지 않도록 주의합니다. 주로 케이
크나 봉봉 초콜릿의 인시드 또는 동물성 그
림과 섞어 활용합니다. 기성 제품을 쉽게
구할 수 있지만 사용량이 적고 자주 활용하
지 않는다면 직접 만들어 사용하는 편이 풍
미가 더 좋고 경제적입니다.

A 브리제 반죽

박력분	100g
중력분	200g
소금	3g
발효 버터	150g
노른자	40g
물	60g
바닐라 에센스	1g
▶ 프로바 바닐프로 200	

B 아몬드 헤이즐넛 프랄리네

헤이즐넛	350g
아몬드	150g
물	165g
설탕	500g
소금	5g

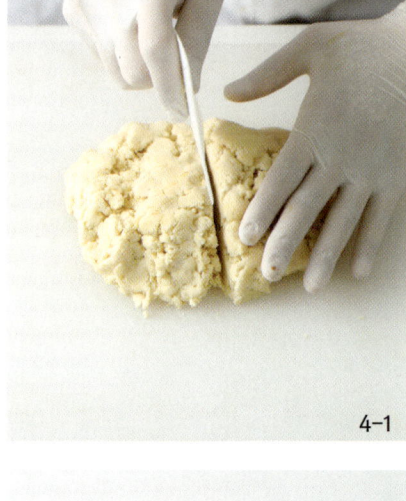

A 브리제 반죽

1 박력분, 중력분, 소금을 함께 체 치고 발효 버터는 엄지손톱만 한 크기로 썰어 믹서볼에 함께
넣은 뒤 냉동고에서 10℃ 이하가 될 때까지 보관합니다.

2 비터로 버터가 새끼손톱 크기로 작아질 때까지 믹싱(사블라주)합니다.
p.224 대추 플로랑탱 사블레 반죽 참고

3 냉장고에서 차갑게 보관한 노른자, 물, 바닐라 에센스 혼합물을 넣어 날가루가 없고
한 덩어리가 될 때까지 믹싱합니다.

4 작업대로 옮겨 평평하게 만든 뒤 스크레이퍼로 반을 잘라 겹쳐 올립니다. 2번 더 반복해
결을 만듭니다.

5 랩으로 감싸 냉장고에서 24시간 동안 휴지시킵니다.

B 아몬드 헤이즐넛 프랄리네

6 테프론 시트를 깐 베이킹팬에 헤이즐넛과 아몬드를 펼쳐 넣고
160℃ 오븐에서 15분 정도 밝은 갈색이 될 때까지 굽습니다.

7 냄비에 물, 설탕을 넣고 밝은 갈색이 날 때까지 끓여 캐러멜화
합니다.

팁▶ 캐러멜을 끓일 때 주걱 등으로 저으면 하얀 설탕 덩이리기
생길 수 있으므로 주의합니다.

8 따뜻한 상태의 6을 넣고 짙은 갈색이 될 때까지 버무립니다.

팁▶ 목장갑과 긴팔 등을 착용해 화상을 입지 않도록 유의합니다.

9 테프론 시트 위에 평평하게 펼치고 소금을 뿌려 식힙니다.

팁▶ 매우 뜨거운 상태이므로 직접적으로 당거나 만지지 않도록
조심합니다.

10 밀대를 이용해 적당한 크기로 부순 뒤 푸드프로세서에 넣어 고운
가루 형태로 만듭니다.

11 콘칭기에 10을 조금씩 넣으면서 작동시켜 페이스트 상태로
만듭니다. 거친 상태의 페이스트가 되면 윤기가 나는 페이스트
형데기 될 때까지 10분 정도 콘칭기를 디 작동시킵니다.

팁▶ 콘칭기가 없다면 푸드프로세서로 계속 갈아 프랄리네를 만듭니다.
푸드프로세서가 과열되면 기계의 온도가 떨어질 때까지 기다렸다가
마저 갈아 줍니다.

C 캐러멜라이즈드 헤이즐넛

헤이즐넛	180g
물	18g
설탕	90g

D 건포도 절임

건포도	100g
럼	50g
▶ 네그리타 오리지널 44%	

마무리

B(아몬드 헤이즐넛 프랄리네)	170g
흑설탕	120g
오렌지 제스트	½개 분량
생강가루A	2g
황설탕	적당량
소금	적당량
생강가루B	적당량

C 캐러멜라이즈드 헤이즐넛 `p.144 참고`

12 p.144를 참고해 캐러멜라이즈드 헤이즐넛을 만듭니다.

D 건포도 절임

13 끓는 물(분량 외)에 건포도를 넣어 1분 정도 데친 뒤 건져 완전히 식힙니다.

14 밀폐 용기에 데친 건포도를 넣고 럼을 부어 골고루 버무린 뒤 랩을 밀착시켜 냉장고에 보관합니다.

마무리

15 A(브리제 반죽)를 3.5㎜두께로 밀어 펴고 30×50㎝ 직사각형으로 자릅니다.

16 윗면에 B(아몬드 헤이즐넛 프랄리네)를 올려 스페튤러로 고르게 펼쳐 바릅니다.

17 흑설탕을 골고루 뿌린 뒤 스페튤러로 평평하게 다듬어 줍니다.

18 오렌지 제스트, 생강가루A를 차례대로 흩뿌립니다.

19-1

19-2

20

21

22

23

19 김밥 말듯이 돌돌 말아서 테프론 시트로 감싼 뒤 냉장고에서 1시간
정도 단단해질 때까지 굳힙니다.

20 1㎝ 두께로 자릅니다.

21 자른 단면 양쪽에 황설탕을 골고루 묻힌 뒤 황설탕 위에서 밀대로
밀어 펴 2㎜ 두께의 타원형으로 만듭니다.

22 베이킹팬에 일정한 간격으로 팬닝하고 1개당 C(캐러멜라이즈드
헤이즐넛) 8~10g, D(건포도 절임) 6알, 소금 소량,
생강가루B(생략 가능) 소량을 올립니다.

23 170℃ 오븐에서 황금갈색이 나고 바삭해질 때까지 약 11분 정도
굽습니다. 0분이 되면 팬의 앞뒤를 돌려 주고 11분이 되기 진에
전체적으로 고르게 구움색이 나면 오븐에서 꺼냅니다.

팁 ▶ 건포도 절임이 타기 쉬우니 더 오래 굽지 않도록 주의해야 합니다.

24 그대로 식힌 뒤 완전히 식으면 습기 제기제와 힘께 포장힙니다.

바닐라 헤이즐넛
킵펠 쿠키

킵펠이라는 쿠키를 아시나요. 뿔 모양이라고도 하고, 발발굽
모양이라고도 하고 초승달 모양 이라고도 하는 이 쿠키는 모양새가
너무 귀여워 만들기 시작했습니다. 보슬보슬하게 그리고 가볍게
부서지는 식감이 매력적인 쿠키로, 향긋한 바닐라와 고소한
헤이즐넛 풍미를 더해시 중독성 있게 민들었습니다. 킵펠은
비엔나에서 만들어진 전통 쿠키로 크리스마스 시즌에 즐겨
먹습니다. 앞에 선보인 진저 코코 사블레와 함께 크리스마스 박스에
들어가는 쿠키입니다.

좀
더
알
아
보
기

바닐라 페이스트

바닐라 페이스트는 바닐라 빈을 조금 더 편
리하게 사용할 수 있는 방법 중 하나입니
다. 바닐라 에센스(프로바 바닐프로 200)
보디 훨씬 농후하며 바닐라 씨 또한 촘촘
히 들어 있어 그 풍미가 무척 진합니다. 주
로 바닐라 빈은 껍질과 씨 모두를 액제 능
에 넣고 가열해 그 풍미를 우려내는데 바닐
라 페이스트의 경우 바닐라 빈을 우려낼 액
체가 없거나 충분하지 않은 쿠키 반죽 등에
사용하기 유용합니다. 휘핑해 가열하지 않
고 바로 섭취하는 크렘큐보디는 구기, 게이
크 시트처럼 열처리 과정을 한 번 거치는
제품에 사용할 것을 추천합니다.

20개 분량

발효 버터	90g
분당	40g
소금	1g
바닐라 페이스트	2g
바닐라파우더	2g
프랑스 밀가루 T55	85g
옥수수전분	30g
헤이즐넛파우더	40g

마무리

분당	적당량

2-1

2-2

3

4

1 볼에 약 20℃의 부드러운 발효 버터를 넣고 주걱으로 잘 풀어 줍니다.

2 분당, 소금, 바닐라 페이스트, 바닐라파우더를 넣고 약 20번 정도 주걱으로 눌러 펼치듯이 균일하게 섞어 줍니다.

3 함께 체 친 프랑스 밀가루 T55, 옥수수전분, 헤이즐넛파우더를 넣고 날가루가 없이 매끈한 한 덩어리가 되도록 자르듯이 섞습니다.

4 랩으로 감싸 냉장고에서 24시간 동안 휴지시킵니다.

5 14g씩 분할해 둥글리기 합니다.

6 굴려서 긴 막대 모양으로 만듭니다.

7 구부려 말발굽 모양(킵펠)으로 성형합니다.

8 데프콘 시드를 낀 베이킹펜에 일정한 간격으로 펜닝입니다.

9 160℃ 오븐에서 약 18~20분 정도 구워 줍니다.

팁▶ 10분 굽다가 오븐 문을 열어 팬의 앞뒤를 뒤집어 구움색을 고르게 냅니다.

마무리

10 한 김 식혀 미지근한 상태(약 40℃)일 때 분당을 한 겹 뿌려 줍니다.

11 완전히 식힌 뒤 분당을 한 번 더 뿌려 줍니다.

블랙 초콜릿 쿠키

달콤한 초콜릿 쿠키를 싫어하는 사람이 있을까요? 죽기 전에 꼭 먹어 봐야 한다는 미국 르뱅 베이커리의 '르뱅 쿠키'에서 영감을 받은 쿠키입니다. 마음이 힘들고 지칠 때 맛있는 초콜릿이 주는 힘에 대해 너무나 잘 알고 있기에 더욱 신경 써서 레시피를 만들고, 굽기에 심혈을 기울인 제품입니다. 플레인한 초콜릿 쿠키와 지금 소개하는 블랙 초콜릿 쿠키 이렇게 두 가지를 만들었는데, 블랙 초콜릿 쿠키가 압도적으로 고객들의 사랑을 듬뿍 받아 일반 초콜릿 쿠키는 메뉴에서 제외하게 되었습니다.

뵈르 누아제트, 마스코바도를 넣어 감칠맛과 풍미를 더했고, 반죽의 색이 짙은 갈색이라 블랙이란 이름을 붙였습니다. 쿠키를 만들 때 대개 부드러운 버터의 크림성을 활용하여 만드는 것이 보통인데, 이 쿠키는 과감히 버터를 완전히 태워 온전히 '맛'에 집중한 제품입니다. 대신 버터의 크림성이 사라졌어도 충분히 쫄깃하다고 느낄 수 있도록 초콜릿 함량을 높이고 굽기를 미세히게 조절했습니다. 쿠키가 쉽게 건조해지지 않도록 비닐 포장지에 담아 밀폐하여 보관하고 서늘한 상온에서 2일간 판매합니다. 오래 보관할수록 버터의 풍미가 점차 발향되므로 4일 이내에 가급적 빨리 먹는 것이 좋습니다. 바삭하게 굽기보다 살짝 촉촉하게 굽는 것이 좋고, 냉동을 거치면 맛이 확연히 떨어지므로 가급적 상온 보관을 추천합니다.

좀 더 알아 보기

캐슈넛

캐슈나무의 열매로 껍질째 먹어도, 껍질 없이 먹어도 고소하고 맛이 좋아 요리와 제과에 많이 사용하는 견과류입니다. 생으로 먹는 것보다는 구워서 먹으면 맛이 훨씬 더 뚜렷해집니다. 특히 소금을 더해 짭짤하게 먹으면 고소한 풍미가 더 배가됩니다. 블랙 초콜릿 쿠키 위에 소금을 뿌린 이유가 바로 반죽 안에 넣는 견과류 빛 캐슈넛을 더 맛있게 느낄 수 있도록 하기 위함입니다.

A 뵈르 누아제트

발효 버터	150g

B 블랙 초콜릿 쿠키

구운 캐슈넛	70g
구운 피칸	70g
마스코바도	172g
달걀	57g
프랑스 밀가루 T55	172g
베이킹소다	3.4g
다크초콜릿	140g
밀크초콜릿	10개
▶ 발로나 아젤리아 35%	
물	적당량
소금	적당량

A 뵈르 누아제트 `p.124 참고`

1 냄비에 발효 버터를 넣고 가열해 뵈르 누아제트를 만듭니다.

B 블랙 초콜릿 쿠키

2 테프론 시트를 깐 베이킹팬에 캐슈넛과 피칸을 펼쳐 놓고 160℃ 오븐에서 10분 정도 구워 약 80% 정도 로스팅한 뒤 식힙니다.

3 2의 견과류를 비닐봉지에 넣어 밀대로 ½ 크기로 부수거나 칼로 자릅니다.

4 볼에 20℃의 A(뵈르 누아제트), 마스코바도를 넣고 주걱으로 잘 섞어 줍니다.

　팁▶ 과하게 휘핑하면 쿠키가 부침개처럼 납작하게 퍼져 꾸덕한 식감이 아닌 바삭한 식감으로 완성되기 때문에 섞을 때 주의합니다.

5 20℃의 달걀을 4번에 나누어 넣으며 꼼꼼하게 섞어 줍니다.

　팁▶ 달걀을 넣을 때마다 물과 기름을 섞는다는 느낌으로 달걀이 보이지 않을 때까지 힘차게 섞어 반죽합니다.

6 함께 체 친 프랑스 밀가루 T55와 베이킹소다를 넣고 주걱으로 자르듯이 섞어 한 덩어리의 반죽으로 만듭니다.

7 3의 캐슈넛과 피칸, 다크초콜릿을 넣고 잘 섞어 줍니다.

8 랩을 밀착시켜 냉장고에서 30분 동안 휴지시킵니다.

팁▶ 반죽에 한번 완전히 녹였던 버터를 넣기 때문에 버터의 부드러움이 사라진 반죽입니다. 따라서 30분 이상 냉장 휴지할 경우 지나치게 단단해져서 분할에 어려움이 생기니 주의합니다

9 72~75g으로 분할합니다.

10 테프론 시트를 깐 베이킹팬에 올려 동그랗고 납작한 모양으로 만듭니다.

11 밀크초콜릿을 큼지막하게 잘라 올린 뒤 냉동고에서 하루 동안 휴지시킵니다.

12 윗면에 붓으로 물을 살짝 바릅니다.

13 190℃ 오븐에서 9분 정도 굽습니다. 굽기 시작하고 6~7분이 지났을 때 팬의 앞뒤를 돌려 줍니다.

팁▶ 스메그 오븐 기준이며 우녹스 오븐에 구울 경우에는 바람막이를 설치해 구워야 합니다. 쿠키가 더 익었는지 확인하려면 쿠키의 가장 가운데 부분을 손으로 살짝 만졌을 때 메마른 듯하면서도 말랑한 촉감이 느껴지는지 확인합니다. 만약 묽은 촉감이 난다면 조금 더 익혀 줍니다. 중앙을 살짝 촉촉하게 굽는 방법이며 오븐의 성능에 따라 시간을 더 짧게 굽거나 더 구울 수 있습니다. 더 굽더라도 크게 문제가 되지는 않지만 좀 더 바삭한 식감의 쿠키가 됩니다.

14 쿠키가 아직 뜨거울 때 초콜릿 부분에 소금을 살짝 뿌린 뒤 그대로 1시간 이상 두어 윗면의 초콜릿이 굳을 때까지 충분히 식힙니다.

소금 초코
파운드케이크

과자방의 성장을 이끈 품목인 '소금 초코 피낭시에'를 모티브로
해마다 다양한 베리에이션 제품을 선보이고 있습니다. 그렇게
탄생한 소금 초코 피낭시에의 파운드케이크 버전입니다. 응용
제품을 만들 땐 원제품의 구성 요소를 최대한 유지하되, 이 제품만이
표현할 수 있는 장점을 살리는 방향으로 레시피를 구상합니다.
아젤리아 초콜릿을 활용한 부드러운 가나슈 크림에선 견과류의 맛이
뿜어져 나오고 다크초콜릿을 여러 부분에 활용해 다양한 식감을
느낄 수 있도록 구성된 파운드케이크입니다. 이 제품을 개발할 때
한창 통카 빈의 매력에 푹 빠져 통카 빈을 잔뜩 갈아 넣었는데,
덕분에 시간이 지날수록 통카 빈의 향이 우러나와 더욱 특색 있고
매력 있는 파운드케이크가 완성되었습니다.
소금 초코 파운드케이크는 30℃이상의 온도에 보관할 경우 가나슈의
성질이 변할 수 있습니다. 때문에 서늘하게 보관해야 하니, 수분이
많이 날아가지 않도록 비닐 포장지에 담아 밀봉 포장하는 것이
좋습니다. 상온에서 약 5일간 맛있게 먹을 수 있으며 잘라서 판매할
경우에는 가장 낮은 높이의 양끝을 도톰하게 잘라 높이가 높은
가운데 부분과 비율을 맞춰 판매하는 것이 좋습니다.

좀 더 알아보기

코팅용 초콜릿

시중에서 쉽게 구할 수 있는 퀄리티 높은
코팅용 초콜릿을 사용해도 좋지만, 사용량
이 많지 않다면 가지고 있는 재료들로 직
접 만들어 사용할 것을 추천합니다. 시판
용 코팅용 초콜릿을 사용하면 코팅한 뒤에
도 손에 잘 묻어나지 않으며 분리가 일어
나지 않아 작업성이 좋고 안정적입니다.
하지만 직접 만든 제품과는 입안에서 녹는
느낌에 차이가 있습니다. 무엇이 맞고 틀
리디의 문제제기보다는 쓰이는 작업 방식
과 섭취 및 판매 형태 등을 고려하여 선택
하는 것이 좋습니다. 책에서 소개하는 코
팅용 초콜릿은 커버추어 초콜릿과 유지를
활용해 만들었으며 완벽하게 굳기보다는
손으로 만지면 살짝 묻어나는 제형입니다.
따라서 높은 실온에서 초콜릿이 녹지 않는
쌀쌀한 늦가을부터 겨울철까지 활용하기
좋은 레시피입니다.

A 가나슈(4개 분량)

┌ 밀크초콜릿	136g
│ ▶발로나 아젤리아 35%	
│ 다크초콜릿	68g
│ 동물성 휘핑크림	136g
│ 트리몰린	28g
└ 발효 버터	28g

B 바닐라 시럽

┌ 물	670g
│ 설탕	420g
└ 타히티 바닐라 빈	12g

C 초콜릿 파운드케이크

┌ 발효 버터	176g
│ 설탕	166g
│ 통카 빈	1.9g
│ 소금	3g
│ 바닐라파우더	2g
│ 트리몰린	20g
│ 노른자	20g
│ 달걀	156g
│ 프랑스 밀가루 T55	196g
│ 베이킹파우더	2.4g
│ 아몬드파우더	29g
│ 헤이즐넛파우더	29g
│ 생크림	39g
└ 밀크초콜릿	108g

2-1

2-2

3

4

A 가나슈

1 PC 볼에 밀크초콜릿, 다크초콜릿을 넣고 전자레인지에서 약 40℃가 되도록 녹입니다.

　팁▶ 초콜릿이 타지 않도록 낮은 출력으로 1분씩 나누어 녹입니다.

2 동물성 휘핑크림과 트리몰린을 60℃로 데운 뒤 녹인 초콜릿에 3번 나누어 넣으며 거품기로 유화시킵니다.

3 계량컵에 옮겨 핸드블렌더로 곱게 갈아 다시 한 번 유화시키고 온도를 38~40℃로 맞춥니다.

4 큐브 모양으로 썰어 실온에 보관한 20~22℃의 발효 버터를 넣고 핸드블렌더로 완벽하게 유화시켜 매끄러운 가나슈를 만듭니다.

　팁▶ 중간중간 가장자리나 바닥에 섞이지 않은 부분이 없도록 주걱으로 긁어 가며 섞어 줍니다. 만약 버터가 너무 차갑다면 전자레인지를 5~10초씩 끊어 가며 작동시켜 부드러운 상태로 만듭니다. 다만 녹으면 가나슈에 사용할 수 없으니 녹지 않게 조심하세요. 최종 완성된 가나슈의 온도는 35~40℃ 사이가 이상적입니다. 더 낮은 온도로 완성되면 버터가 굳기 시작하면서 덩어리질 수 있습니다. 이때 온도를 살짝 올린 뒤 다시 한 번 핸드블렌더로 꼼꼼히 갈아 주면 해결할 수 있습니다. 만약 더 높은 온도로 완성되었다면 버터가 녹아 버려 입안에서 부드럽게 녹아내리는 특성을 잃게 되고 가나슈가 단단해져 되돌릴 수 없습니다.

5 랩을 밀착시킨 후 냉장고에서 12시간 동안 휴지시킵니다.

　팁▶ 사용하기 3시간 정도 전에 실온에 꺼내 두었다가 사용합니다.

B 바닐라 시럽

6 냄비에 물, 설탕, 타히티 바닐라 빈의 깍지와 씨를 긁어 넣고 팔팔 끓인 뒤 불에서 내립니다.

7 랩을 씌워 30분 동안 우린 뒤 완전히 식혀 냉장고에 보관합니다.

C 초콜릿 파운드케이크

8 믹서볼에 22℃의 부드러운 발효 버터, 설탕, 간 통카 빈, 소금, 바닐라파우더, 트리몰린을 넣고 거품기로 뽀얗게 될 때까지 믹싱합니다.

팁▶ 버터가 한 단계 색이 밝아지도록 기포를 포집합니다. 통카 빈은 그라인더로 곱게 갈아 파우더 형태로 사용합니다.

9 함께 식어 20℃로 데운 노른자와 달걀을 7번 나누어 넣으며 믹싱합니다.

팁▶ 이 과정에서 반죽이 쉽게 분리되기 때문에 달걀을 여러 번 나누어 넣고 섞어 줍니다. 달걀을 넣을 때마다 주걱으로 볼 벽이나 바닥에 섞이지 않은 재료가 없는지 꼼꼼히 확인하며 균일한 상태로 만들고 완벽하게 유화시키는 것이 중요합니다.

10 함께 체 친 프랑스 밀가루 T55, 베이킹파우더, 아몬드파우더, 헤이즐넛파우더를 넣고 날가루가 없어질 때까지 저속과 중속으로 섞습니다.

11 20℃의 생크림을 넣은 뒤 반죽에 광택감이 흐르고 부드러워 질 때까지 중속으로 섞어 글루텐을 형성시킵니다.

팁▶ 버터크림의 일종인 무슬린 크림 같은(쫀쫀하면서 부드러운) 상태가 될 때까지 충분히 섞어 글루텐이 형성되어야 오븐에서 구워지면서 볼록한 볼륨감이 생겨 예쁜 파운드를 구울 수 있고 식감 또한 보송보송해집니다.

12 작게 자른 밀크초콜릿을 넣고 주걱으로 가볍게 섞어 줍니다.

13 16.5×8.5×6.7㎝ 파운드케이크 틀에 부드러운 버터(분량 외)를 질해 코팅합니다.

14 반죽을 430g씩 담은 뒤 주걱으로 가운데가 움푹 들어간 매끄러운 U자 모양으로 정리합니다.

15 부드러운 발효 버터(분량 외)를 짤주머니에 담아 가운데에 길게 한 줄 짭니다.

D 초콜릿 코팅

다크초콜릿	1.6kg
포도씨유	300g

마무리

말돈 소금	적당량
고운 소금	적당량
식용 금박	적당량

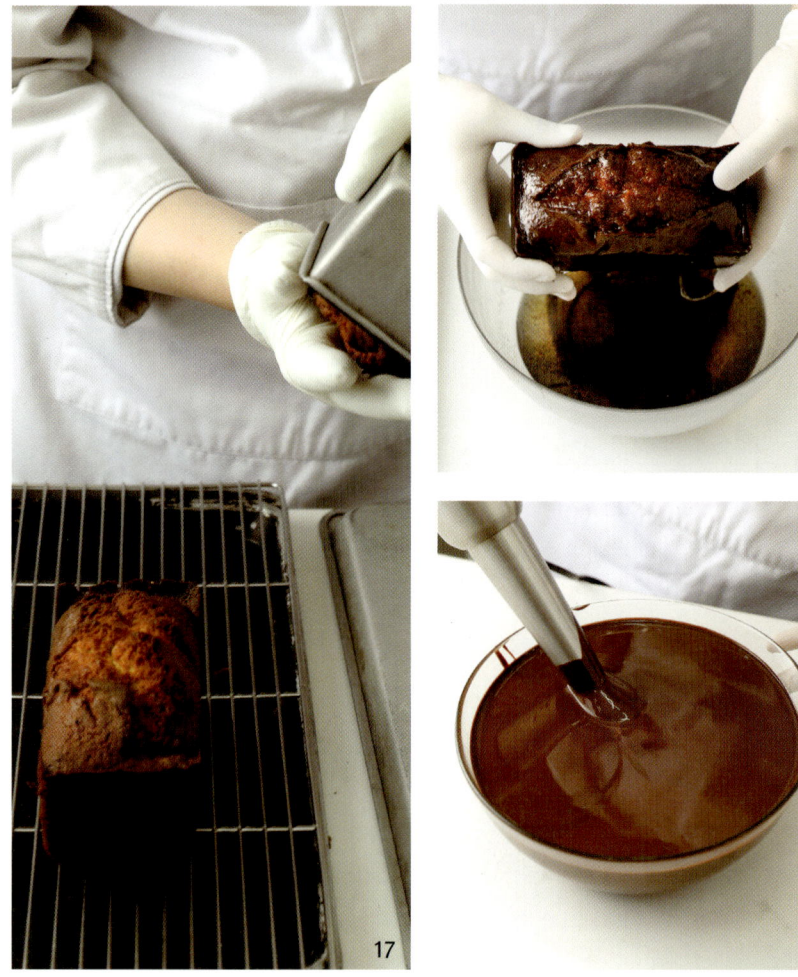

16 베이킹팬 위에 올려 160℃ 오븐에서 25분 동안 굽고 팬의 앞뒤를 돌려 준 뒤 25분 동안
더 구워 구움색을 고르게 냅니다.

> **팁 ▶** 오븐에서 완전히 꺼내기 전에 중앙을 칼로 찔러 완전히 익었는지 확인합니다.

17 오븐에서 꺼내자마자 틀에서 뺀 뒤 식힘망 위에 올려 약간의 온기가 느껴지는 35℃
정도까지 식힙니다.

18 B(바닐라 시럽)에 담가(약 60g 정도 사용) 파운드케이크를 적시고 다시 식힘망 위에 올려
건조시킵니다.

> **팁 ▶** 파운드케이크에 온기가 남아 있는 상태일 때 시럽에 적셔야 안쪽까지 촉촉하게
> 잘 스며듭니다.

D 초콜릿 코팅

19 PC볼에 다크초콜릿, 포도씨유를 넣고 전자레인지에서 40℃로 녹인 뒤 핸드블렌더로 갈아
고른 상태로 만듭니다.

20 밀폐 용기에 담아 실온에 보관합니다.

> **팁 ▶** 사용하기 전에 온도를 다시 35~40℃로 데우고 핸드블렌더로 한 번 더 갈아서 사용합니다.

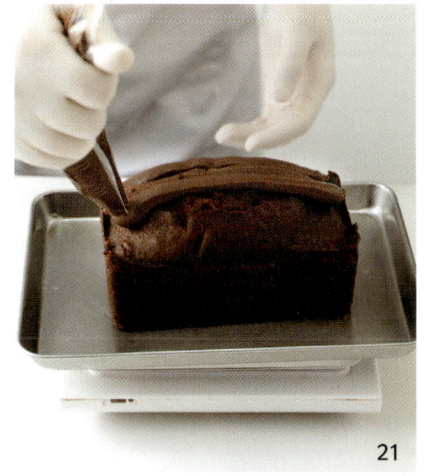

마무리

21 사용하기 3시간 전에 상온에 꺼내 두어 말랑해진 A(가나슈)를
   짤주머니에 담아 C(초콜릿 파운드케이크) 윗면에 88g 짭니다.

22 가나슈를 균일하게 펴 바릅니다.

23 냉장고에서 2시간 정도 굳힙니다.

24 D(초콜릿 코팅)에 굳힌 파운드케이크의 윗면을 절반 정도
   담갔다가 여분을 털어 냅니다.

25 초콜릿이 굳기 전에 윗면에 말돈 소금과 고운 소금을 뿌리고 식용
   금박을 올려 장식합니다.

무화과 파운드케이크

추석 선물세트에 함께 넣었던 가을 파운드케이크입니다.
크리스마스는 물론이고 설과 추석에도 늘 새로운 디저트 박스를
준비하는데 그중 과자방에서 최초로 선보였던 파운드케이크입니다.
와인에 직접 졸인 건조 블랙 미션 무화과, 캐러멜에 버무린 견과류,
봉밀 베이스의 촉촉한 파운드 시트가 아주 매력적입니다.
자칫 무거울 수 있는 캐러멜과 말린 과일에 오렌지 제스트를 얹어
산뜻함을 더했습니다. 많이 달지 않고 재료가 풍성하게 들어간
파운드케이크이므로 다양한 연령층이 모이는 명절에 함께 나누기에
안성맞춤입니다. 만드는 과정이 길고 복잡하지만 명절만 되면 찾는
손님이 많은 훌륭한 제품입니다. 파운드가 마르지 않도록 밀폐
용기에 담아 보관하면 서늘한 상온에 두고 약 5일간 맛있게 먹을 수
있습니다. 냉동 보관은 약 2주를 권장하며 완벽히 해동해 먹어야
풍미와 촉촉함을 극대화시킬 수 있습니다.

좀 더 알아보기

블랙 미션 무화과

흔히 줄여서 미션 무화과라고 부르는 작은
호리병 모양의 짙은 보랏빛 무화과입니다.
꿀처럼 진하고 풍부한 단맛이 특징입니다.
무화과를 건조시키면 수분기는 날아가고
특유의 단맛이 더 응축되어 베이킹에 사용
하기에 적합합니다.

A 무화과 절임

건조 블랙 미션 무화과	130g
레드 와인	65g
다크 럼	11g
▶ 네그리타 다크 럼 37.5%	
설탕	20g
팔각	½조각
말린 바닐라 빈 깍지	⅓개
시나몬스틱	1.3개

B 캐러멜

물	175g
물엿	130g
설탕	437g
트리몰린	53g
생크림	298g

C 견과류 로스팅

구운 호두	48g
구운 피칸	48g
구운 마카다미아	32g
구운 피스타치오	24g

D 바닐라 시럽

물	670g
설탕	420g
타히티 바닐라 빈	12g

3-1

3-2

4

A 무화과 절임

1 끓는 물에 건조 블랙 미션 무화과를 넣고 30초 정도 데친 뒤 체에 받쳐 물기를 제거합니다.

2 가위로 꼭지 부분을 잘라 내고 4조각으로 자릅니다.

3 냄비에 나머지 재료들과 2를 넣고 액체가 모두 졸아들 때까지 약불로 저으면서 졸입니다.

4 트레이에 펼쳐 빠르게 식힌 뒤 팔각, 말린 바닐라 빈 깍지, 시나몬스틱을 제거하고 밀폐 용기에 담아 냉장고에 보관합니다.

B 캐러멜

5 냄비에 물, 물엿, 설탕, 트리몰린을 넣고 170~180℃까지
끓입니다.

6 불에서 내려 50℃로 데운 생크림을 조금씩 부으면서 거품기로
잘 섞어 줍니다.

팁▶ 이때 캐러멜이 많이 부풀어 오르기 때문에 큰 냄비를 사용하는
것이 좋습니다. 또 액체가 많이 튀어 오르기 때문에 화상을 입지 않도록
보호 장구를 착용한 뒤 작업합니다.

7 다시 불에 올려 112℃가 될 때까지 저으면서 끓입니다.

8 얼음물에 냄비를 담가 빠르게 50℃까지 식혀 줍니다.

9 핸드블렌더를 사용해 곱고루 간 뒤 밀폐 용기에 담아 냉장고에
보관합니다.

C 견과류 로스팅

10 끓는 물에 호두를 넣어 데친 뒤 깨끗한 물에 헹궈 물기를
제거합니다.

11 160℃ 오븐에서 15분 정도 구운 뒤 식힙니다.

12 피칸, 마카다미아, 피스타치오는 160℃ 오븐에서 각각 10분,
10분, 6분 동안 굽습니다.

팁▶ 사용하는 견과류의 양은 모두 구운 견과류 기준으로 굽는
과정에서 손실량이 생길 수 있으니 넉넉하게 준비합니다.

D 바닐라 시럽

13 냄비에 물, 설탕, 타히티 바닐라 빈의 깍지와 씨를 긁어 넣고 살짝
끓인 뒤 불에서 내립니다.

14 랩을 씌워 30분 동안 우린 뒤 완전히 식혀 냉장고에 보관합니다.

E 무화과 파운드케이크

┌ 발효 버터	181g
│ 황설탕	156g
│ 트리몰린	35g
│ 노른자	18g
│ 달걀	145g
│ 프랑스 밀가루 T55	127g
│ 베이킹파우더	2.7g
│ 통밀가루	72g
│ 소금	3g
│ 생크림	72g
│ A(무화과 절임)	130g
└ 구운 호두	65g

마무리

┌ 발효 버터	적당량
│ B(캐러멜)	224g
│ A(무화과 절임)	적당량
└ 오렌지 제스트	적당량

E 무화과 파운드케이크

15 믹서볼에 22℃의 부드러운 발효 버터, 황설탕, 트리몰린을 넣고 거품기로 뽀얗게 될 때까지 믹싱합니다.

팁▶ 버터가 한 단계 색이 밝아지도록 기포를 포집합니다.

16 함께 섞어 20℃로 데운 노른자와 달걀을 7번 나누어 넣으며 믹싱합니다.

팁▶ 이 과정에서 반죽이 쉽게 분리되기 때문에 달걀을 여러 번 나누어 넣고 섞어 줍니다. 달걀을 넣을 때마다 주걱으로 볼 벽이나 바닥에 섞이지 않은 재료가 없는지 꼼꼼히 확인하며 균일한 상태로 만들고 완벽하게 유화시키는 것이 중요합니다.

17 함께 체 친 프랑스 밀가루 T55, 베이킹파우더, 통밀가루, 소금을 넣고 날가루가 없어질 때까지 저속과 중속으로 섞어 줍니다.

18 20℃의 생크림을 넣은 뒤 반죽에 광택감이 흐르고 부드러워질 때까지 중속으로 섞어 글루텐을 형성시킵니다.

팁▶ 버터크림의 일종인 무슬린 크림 같은(쫀쫀하면서 부드러운) 상태가 될 때까지 충분히 섞어 글루텐이 형성되어야 오븐에서 구워지면서 볼록한 볼륨감이 생겨 예쁜 파운드를 구울 수 있고 식감 또한 보송보송해집니다.

19 볼에 A(무화과 절임)를 넣고 프랑스 밀가루 T55(분량 외)를 1T
　 정도 뿌린 뒤 무화과에 밀가루를 코팅한다는 느낌으로 버무립니다.
20 18에 19와 구운 호두를 넣고 주걱으로 가볍게 섞어 줍니다.

마무리

21 16.5×8.5×6.7㎝ 파운드케이크 틀에 부드러운 버터(분량 외)를
　 칠해 코팅합니다.
22 반죽을 460g씩 담습니다.
23 수저으로 가운데가 쑥쑥 늘어간 매끄러운 U자 모양으로
　 정리합니다.
24 부드러운 발효 버터를 짤주머니에 담아 가운데에 길게 한 줄
　 짭니다.

25 베이킹팬 위에 올려 160℃ 오븐에서 25분 동안 굽고 팬의 앞뒤를
돌려 준 뒤 25분 동안 더 구워 구움색을 고르게 냅니다.
　팁▶ 오븐에서 완전히 꺼내기 전에 중앙을 칼로 찔러 완전히 익었는지
확인합니다.

26 오븐에서 꺼내자마자 틀에서 뺀 뒤 식힘망 위에 올려 약간의
온기가 느껴지는 35℃ 정도까지 식힙니다.
　팁▶ 막 구워져 나온 파운드케이크는 연약하기 때문에 꺼낼 때
주의합니다.

27 D(바닐라 시럽)에 담가(약 60g 정도 사용) 파운드케이크를 적시고
다시 식힘망 위에 올려 건조시킵니다.

28 B(캐러멜) 224g을 40℃로 데웁니다.
29 C(견과류 로스팅)를 넣고 버무립니다.

30 27의 파운드케이크 위에 170g씩 올립니다.
31 A(무화과 절임)를 올리고 오렌지 제스트를 뿌려 장식합니다.

시즌마다 다채롭게
구성하는 비장의 무기

제과점을 운영하다 보면 늘 새롭고 다양한 디저트를 끊임없이 개발해야 하고, 1년 내내 이벤트가 계속된다는 것을 깨닫게 됩니다. 맛은 물론이고 디자인과 포장까지 탐구해 고객에게 선보여야 하지요. 디저트는 김치와는 달라서 안 먹어도 그만인 경우가 더 많고, 경제가 어려워지면 소비가 급격히 줄어드는 항목 중 하나이기 때문에, 늘 긴장을 놓지 말고 나만의 레시피를 끊임없이 개발해 소비자에게 다가가야 합니다. 이렇게 여러 번의 시도를 하다 보면 생각보다 엄청난 사랑을 받는 제품이 가끔씩 탄생하는데, 이러한 괴지들이 하나둘 모여 과자방의 사계절과 비수기를 든든히 지키는 비장의 레시피가 되곤 합니다. 이번 챕터에서는 마들렌이나 피낭시에에 비해 비교적 장기간 보관 및 판매가 가능한 아이템을 소개했습니다. 모든 것을 신선하게 만들어 내야 하는 제과점 주방은 언제나 일이 끊이지 않고 매우 분주하기 마련입니다. 그래서 판매 품목 중 이수 벌무는 익 3 4일 정도 여유를 두고 판매할 수 있는 제품으로 구성하는 것이 현명합니다. 바삭한 쿠키류는 구운 당일에 습기 제거제를 넣어 밀봉하면 상온에서 7일까지, 만든 당일의 바삭한 식감을 유지할 수 있고 버터 풍미 또한 온전하게 느낄 수 있습니다. 또한 어떤 쿠키의 경우는 당일에 바로 먹어도 맛있지만 또 어떤 쿠키는 구운 다음날 또는 그 다음날, 오히려 시간이 흐르면서 풍미가 깊어지고 쿠키가 점차 부드러운 식감으로 바뀌기 때문에 그 차이를 경험하는 것 또한 다른 즐거움으로 다가올 것입니다. 맛있는 쿠키 레시피를 하나씩, 차곡차곡 모아 소장한다는 것은 제과점을 운영할 비장의 무기가 늘어나고 있다는 뜻이기도 합니다. 이처럼 제과점의 필승 무기가 되어줄 다양한 과자의 기술을 소개했습니다. 이번 장에서 소개한 구움과자류는 평균적으로 서늘한 상온에서 4일간 두고 판매할 수 있으며 구운 후 완벽하게 식힌 다음 식감의 변화를 최소화하기 위해 실리카겔 등을 넣어 밀폐 포장한 뒤 보관 및 판매합니다.

챕터 04

과자를 만들다가 막힐 때
펼쳐 보는 오답 노트

오답은
더 멋진 과자를 향한
수련의 과정

기술을 활용해 정성껏 과자를 만들어도 가끔은 무슨 이유에서인지 결과가 마음에 들지 않을 때가 있습니다. 원인을 파악해 보면 대부분 알고 있는 세부 사항을 미처 수행하지 못했거나, 어떤 변수가 생겼기 때문입니다. 이미 다 알고 있는 내용인데도 시험만 보았다 하면 생각이 나지 않는 것처럼 베이킹을 하다 보면 머릿속에 있는 구움과자의 특급 기술들을 깜박할 때가 있지요. 이번 장에서는 우리가 놓치지 말아야 할 사항, 개선하고 싶은 부분, 궁금한 점들을 퍼즐놀이 하듯이 하나하나 맞춰 보겠습니다. 매번 균일하고 멋진 과자를 만들기 위한 여정에 마침표가 되었으면 하는 바람입니다.

01

반죽

[질문]
**가루류를 넣고
믹싱을 과하게 하면
어떻게 되나요?**

[답변]
글루텐이 과도하게 생성되며 반죽의 힘이 강해져 뻑뻑하거나 질긴 과자가 됩니다.

마들렌을 만들 때는 가루류를 넣고 섞는 과정이 특히 중요합니다. 날가루가 없어진 후 뭉친 것 없이 윤기가 나며 반죽이 매끄럽게 주르륵 끊기지 않고 떨어진다면 믹싱 작업을 멈춰야 합니다. 특히나 프랑스 밀가루를 사용할 경우에는 글루텐 함량이 중력분이나 박력분에 비해 높은 편이기 때문에, 생각보다 쉽게 식감이 묵직함을 넘어 질겨집니다. 또 과한 글루텐으로 인해 마들렌 배꼽은 높을 수 있으나 퍼짐성이 부족하여 가로 폭이 과하게 수축되기도 합니다. 하지만 밀가루가 적게 들어가고 코코아파우더나 견과류 가루 같은 특별한 재료가 들어갈 때는 믹싱법이 다를 수 있으니 각각의 레시피를 참고해 주세요.

수축한 마들렌   과믹싱한 피낭시에

피낭시에의 경우는 베이킹파우더가 들어가지 않고 재료의 힘으로만 부풀어 올라야 하기 때문에, 글루텐이 많이 형성되면 그 차이가 더욱 극명해집니다. 식감이 바삭하기보다는 질깃해지죠. 잘못되었다고 말할 수는 없지만 균일한 과자를 만들기 위해서는 어떤 상태로 균일함을 유지할 것인지 결정하는 것이 좋습니다. 거품기를 들어 올렸을 때 뚝뚝 끊어지고 거친 느낌이 든다면 조금 더 섞어 매끄럽고 윤기가 나며 주르륵 떨어지는 형태의 반죽으로 만들어야 합니다. 반죽을 만들어 보며 어느 정도 섞었을 때 원하는 반죽이 나오는지를 가늠해 보고 완성되었다면 바로 섞기를 멈추는 것도 기술입니다.

[질문]
가루류를 넣고
믹싱을 부족하게 하면
어떻게 되나요?

[답변]
글루텐이 적정량보다 적게 형성되며 부푼 반죽을 지탱할 힘이 부족하기 때문에 볼륨이 제대로 올라오지 못 하거나, 잘 구워지다가 주저앉기도 합니다.

오버믹싱하는 것이 겁나 지나치게 덜 섞는다면, 마들렌이나 피낭시에에서 볼 수 있는 우아한 배꼽을 만나기 어렵습니다. 오븐에 넣고 높은 열로 반죽을 부풀려도 그 모양을 지탱할 글루텐이 부족하기 때문에 오븐에서 배꼽이 원하는 만큼 솟아오르지 못하고, 솟아올랐다가도 훅 주저앉게 됩니다. 또 믹싱이 부족하면 볼륨이 작은 제품이 되기 쉽고, 심지어 몰드 밖으로 지나치게 퍼져 옆의 마들렌과 붙게 되는 경우도 있습니다. 필링을 넣는 마들렌이라면 맛에 크게 이상함을 느끼지 못할 수도 있지만 일반 마들렌의 경우는 제대로 부풀지 못해 너무 묵직한 식감을 주거나 입안에서 뭉친 것 같은 느낌을 줄 수도 있습니다.

[질문]
버터 등 유지를 넣고
유화시킬 때 온도를 지켜야
하는 이유는 무엇인가요?

[답변]
반죽에는 물과 기름 같이 서로 용해되기 힘든 여러 재료가 들어가기 때문에 잘 유화시켜야 반죽이 단단하게 결속됩니다. 재료의 온도를 맞춰 넣고 섞으면 유화 과정을 최적으로 수행할 수 있습니다. 제대로 유화되지 못한 가나슈, 반죽 등은 식감에서 큰 차이를 보입니다.

마들렌의 경우 달걀과 가루 등을 섞은 뒤 70℃ 이상 높은 온도의 버터를 넣으면 뜨거운 온도로 인해 베이킹파우더의 활농이 가속화됩니다. 즉, 베이킹파우더의 기능이 빠르게 떨어지면서 배꼽이 나올 수 있는 반죽의 유통기한이 짧아집니다. 다만 이런 경우라도 반죽한 뒤 12시간 동안 냉상 숙성시킨 뒤에 바로 굽는다면 배꼽을 살릴 수도 있습니다.

반대로 피낭시에의 경우는 너무 낮은 온도의 버터를 넣어 최종 반죽이 25℃ 이하가 되면 모든 재료가 적절히 융화되지 무하기 때문에 오븐에서 구울 때 세늠에서 기늠이 새어 나오며 겉면이 자글자글 튀겨지듯 구워집니다. 반죽 속 버터가 다른 재료들에 붙지 못한 채로 반죽이 완성되기 때문입니다. 이것을 흔히 분리가 일어났다고 표현하는데, 과자 자체의 볼륨도 눈에 띄게 작아집니다. 또 완성된 제품의 겉면이 바삭함을 넘어

딱딱합니다. 내부의 식감 또한 완벽하게 유화되지 못한 유지 때문에 기름지고 축축하게 느껴집니다.

파운드케이크나 쿠키의 경우에도 버터나 달걀 등의 온도를 잘 맞추지 않은 상태로 반죽을 하면 대체로 볼륨이 작아집니다. 유화가 잘 되지 못했기 때문에 기름이 새어 나와 바닥과 과자의 겉껍질이 두꺼워지면서 본래의 과자 맛보다는 구운 맛이 더 도드라지며 입안에 거슬거슬하게 남는 잔여 식감을 느끼게 됩니다.

[질문]
가나슈를 만들 때 핸드블렌더
사용은 필수인가요?

[답변]
손 거품기만으로는 한계가 있기 때문에 꼭 핸드블렌더를 사용해야 합니다.

가나슈를 만들 때는 반드시 유화 과정을 거치게 되는데 이는 매우 중요한 기술입니다. 유화가 잘 되지 않은 가나슈는 입안에서 캐러멜처럼 천천히 부드럽게 녹아내리는 것이 아니라 물처럼 미끄덩하게 녹습니다. 45~50℃로 녹인 초콜릿에 50℃ 이상의 생크림을 3번에 나누어 넣으며 섞어 생크림이 들어갈 수 있도록 초콜릿의 구조를 한 차례 분리시킨 뒤, 비로소 유화로 넘어가는 것이 바람직합니다. 초콜릿에 생크림을 넣을 때마다 거품기로 힘있게 섞어 주는 작업이 필요합니다.

거품기를 활용해 섞은 후에는 반드시 핸드블렌더를 활용하여 기계의 힘으로 유화시켜야 입에서 녹는 식감이 좋은 가나슈가 완성됩니다. 손 거품기를 사용하여 생크림 속 수분과 초콜릿 속의 지방을 완벽히 섞기란 물리적으로 불가능합니다. 성공한다고 해도 일시적이며, 시간이 지날수록 형태가 분리되어 달라질 수 있으므로 제과점의 주방에서는 반드시 핸드블렌더를 사용하는 것이 좋습니다.

버터가 들어가는 가나슈라면 더더욱 핸드블렌더가 필요합니다. 버터를 넣고 가나슈 안에서 잘게 갈아 주어야 상온에서 잘 녹지 않으면서도 입안에서는 매끄럽게 녹는 식감의 가나슈가 완성되기 때문입니다. 초콜릿과 생크림을 섞은 상태가 40℃일 때, 손톱 크기로 잘게 자른 상온의 버터를 넣고 핸드블렌더를 사용해 꼼꼼히 갈아 주면 질감이 좋은 가나슈를 완성할 수 있습니다. 버터를 넣은 가나슈의 완성 온도는 35~40℃가 이상적입니다.

[질문]
실수로 높은 온도의 가나슈에
버터를 넣고 핸드블렌더로
갈아 버렸어요.
어떻게 되나요?

[답변]
**버터가 완전히 녹아 버려 가나슈의 식감을
부드럽게 해 주는 역할이 감소됩니다.**

가나슈가 입안에서 부드럽게 녹거나 쫀득
하게 씹히지 않고 차갑게 보관했을 때처
럼 툭툭 끊어질 수 있으며, 입안에서 일체
감 있게 녹는 것이 아니라 겉부터 빠르게
물처럼 녹을 수 있습니다. 가나슈가 중요
한 역할을 하는 제품이라면 온도를 잘 지
키는 것이 매우 중요합니다.

02

보관

[질문]
실수로 반죽에 랩을
밀착시키지 않으면
어떤 현상이 일어나나요?

[답변]
**완성한 구움과자 반죽과 가나슈 등에 랩을 밀착(이하 밀착 랩핑)시키지 않고 뚜껑만 덮어
보관한다면, 겉면이 말라 굳으면서 막이 형성됩니다.**

그 반죽으로 제품을 만들 수는 있으나 지속
적으로, 그리고 위생적으로 매장을 운영하
기 위해서는 밀착 랩핑하는 습관을 늘이는
것이 좋습니다. 반죽을 섞어서 사용해야 하
는 마들렌과 피낭시에의 경우에는 이 말라
굳은 막이 완성품에 그대로 반영되어 이물
질이 들어간 듯한 식감을 줄 수 있습니다.
또 온도차로 인해 물이 맺혀 반죽에 떨어지
기라도 하면 반죽에 변화가 생겨 원하는 제
품을 만들어 낼 수 있는 반죽의 소비기한이
짧아지게 됩니다.

가나슈의 경우 일반적인 구움과자 반죽보
다 높은 온도인 35℃ 정도로 완성되므로
바로 뚜껑을 덮어 냉장고에 넣기보다는 밀착 랩핑해 실온에 1시간 정도 두었다가 뚜껑을
덮어 냉장 보관하는 게 좋습니다. 그래야 온도차로 인한 용기 내의 물 맺힘 현상 등을 방
지할 수 있습니다. 물이 맺혀 용기에 떨어진 채로 장기간 보관한다면 곰팡이 등의 미생물
번식 위험이 높아집니다.

[질문]
마들렌 반죽을 섞은 지
3일차가 되었는데
그대로 구우면 어떻게 되나요?

[답변]
최종 제품의 맛에는 별 차이가 없지만 모양과 식감에 차이가 납니다. 마들렌의 배꼽이 낮아지고 폭이 좁으며, 내부에 뭉치는 현상이 나타나고 식감이 축축하며, 목 넘김이 미묘하게 좋지 않습니다.

반죽을 열고 섞어서 사용하는 마들렌 반죽은 섞은 후 2일(48시간) 이내에 사용하도록 합니다. 베이킹파우더가 1일차, 2일차에 차례로 이산화탄소를 내뿜으며 서서히 성능이 떨어지기 시작해 3일차부터는 이산화탄소의 양이 현저히 적어지기 때문에 마들렌의 배꼽도 낮게 나올 수 있습니다. 섞지 않은 반죽이라면 7일 내에 소진하는 것이 좋고 장기 보관을 위해 냉동할 경우엔 냉동, 해동을 거치며 반죽의 성질에 변수가 생겨 베이킹파우더의 역할이 약해지므로 주의합니다.

03

굽기

[질문]
낮은 온도로 오래 구우면
어떻게 되나요?

[답변]
과자의 겉껍질이 두꺼워지고 구운 맛이 지나치게 강해질 수 있습니다.

마들렌, 피낭시에, 파운드케이크는 모두 재료들이 구워지며 이산화탄소를 내뿜거나 재료 속 수분이 기화되면서 반죽을 들어 올려 볼륨을 내는 제품군입니다. 온도차를 주지 않고 한 온도로 쭉 굽는 것은 반죽의 양이 많아 장시간 구워야 하는 파운드케이크에는 적합하지만, 작은 사이즈로 고온에서 단시간 구워내는 마들렌과 피낭시에에는 적합하지 않습니다. 마들렌과 피낭시에를 낮은 온도로 오래 굽는다면 배꼽은 나올 수 있으나 수분이 많이 날아가므로 원하는 모양과 식감을 얻을 수 없

습니다. 배꼽도 드라마틱하게 형성되지 않으며 구움색도 약합니다. 낮은 온도에서 구움색을 내고 반죽 속 재료도 완벽히 익히기 위해서는 필요 이상으로 오래 구워야 하기 때문에 과자의 겉껍질이 두꺼워지고 구운 맛이 강해질 수 있습니다.

[질문]
실리콘 몰드가 자꾸 휘는데
어떻게 해야 하나요?

[답변]
각봉을 덧대 굽습니다.

몰드를 오래 사용할수록 자연스레 가장자리에 휘어짐 현상이 발생합니다. 케이크 시트를 자를 때 사용하는 1㎝ 두께의 각봉을 덧대 구우면 문제를 해결할 수 있습니다. 시간이 지날수록 말림 현상이 나타나는 몰드를 보완한 새로운 실리콘 몰드가 출시되고 있으니 활용해 보세요.

[질문]
마들렌이 몰드에서
안 떨어져요.

[답변]
실리콘 몰드에 상처가 나거나 몰드가 망가졌다면 제품이 몰드에서 쉽게 분리되지 않습니다.

실리콘 몰드가 상하는 이유는 주로 세척과 굽기에 있습니다. 몰드를 식기세척기에서 지속적으로 세척하면 강한 세척력에 의해 몰드가 상할 수 있습니다. 손세척을 원칙으로 하되, 수세미의 거친 면 대신 부드러운 면으로 충분히 거품을 내어 몰드의 조개무늬를 꼼꼼히 닦고, 미온수로 헹궈 내는 것이 좋습니다. 철로 된 틀도 마찬가지입니다. 틀이 상하지 않도록 버터 칠을 잘 해서 제품을 굽는 것이 중요합니다. 한 번 상한 몰드는 되돌리기 어렵다는 것을 명심해야 합니다.

굽는 과정에서도 몰드가 상할 수 있습니다. 기본적으로 몰드의 모든 칸에 반죽을 채워 넣고 구워야 합니다. 어느 한 곳이라도 비어 있는 채로 1~2회 굽게 되면 몰드가 손상될 수 있습니다. 반죽이 모자라 모두 채워 굽기가 어렵다면 나머지 몰드에는 여분의 반죽을 발라서 몰드가 아닌 반죽이 구워질 수 있도록 해 몰드의 상태를 유지해야 합니다.

[질문]
실리콘 몰드에
마들렌을 구웠는데
구움색이 잘 안 나요.

[답변]
실리콘 몰드에 마들렌 반죽을 팬닝해 컨벡션 오븐에서 구울 때는 반드시 그릴에 받쳐 구워야 합니다.

공기의 대류로 구워지는 컨벡션 오븐에서는 마들렌의 조개무늬 쪽에 열과 공기의 압력이 가장 직접적으로 가해집니다. 따라서 순간적으로 배꼽을 들어 올리기에는 타공 팬이나 일반 철팬에 비해 공기가 가장 잘 통하는 그릴이 훨씬 효과적입니다. 배꼽을 잘 들어 올린다는 것은 구움색이 잘 난다는 뜻이기도 합니다. 잘 구워진 마들렌은 배꼽만 봐도 알 수 있습니다. 배꼽이 솟아오를 만큼 팽창했다면, 조개무늬 쪽 또한 통통하게 잘 팽창하여 구움색이 제대로 났다는 뜻이 될 테니까요.

[질문]
반죽을 차갑게 식히지 않고
구워도 되나요?

[답변]
실온의 반죽으로 구워도 제품은 잘 나올 수 있으나 차가운 반죽으로 구운 것과 비교하면 식감과 모양새에 미묘한 차이가 있습니다.

실온의 반죽은 겉면을 차갑게 식힌 반죽보다 열을 빠르게 받아 빠르게 겉껍질을 형성합니다. 그만큼 배꼽이 부푸는 시간이 적다는 뜻입니다. 그래서 실제로도 배꼽이 적게 부풉니다. 같은 반죽 대비 볼륨이 작으므로 식감이 더 밀도 있고 묵직하며 촉촉하게 구현됩니다. 이것은 맞고 틀리고의 문제가 아니라 의도하는 제품의 방향에 따라 적용하는 방식이 다를 수 있다는 뜻입니다.

차가운 반죽   실온의 반죽

차가운 반죽   실온의 반죽

[질문]
마들렌을 구웠는데
조개무늬 쪽이 자꾸 들떠요.
왜 그런가요?

[질문]
제가 가진 오븐이 보통
오븐보다 출력과 온도가
센 편인것 같아요,
어떤 변수가 있을까요?

[질문]
마들렌 배꼽이 안 나와요.

[답변]
몰드에 버터 칠을 과도하게 하면 종종 들떠 나옵니다.

실리콘 몰드에 버터를 바르고 반죽을 넣어 구우면 몰드의 손상이 적어 반영구적으로 사용할 수 있으나, 과하게 바르면 버터가 오븐에서 자글자글 끓어오르고 버터 속 수분이 기화되면서 마들렌의 일부를 들어 올려 들뜨게 됩니다. 이를 방지하기 위해서는 몰드에 녹인 버터를 바를 때 아주 소량을 사용하고, 많이 발랐다면 키친타월로 닦아내는 것이 좋습니다. 적게 바르는 것이 어렵다면 녹이지 않은 실온 상태의 부드러운 포마드 버터를 활용해 조금 더 얇게 바를 수 있습니다. 몰드에 버터를 일일이 바르는 과정이 번거로울 수 있지만, 고가의 몰드를 오래도록 사용하기 위해서는 오히려 경제적인 작업입니다.

[답변]
배꼽 쪽에 껍질이 강하게 형성되어 상대적으로 껍질이 늦게 형성되는 배꼽의 옆쪽으로 반죽이 새어 나와 콧물이 흐른 듯한 모양이 되기도 합니다.

어디로든 부풀어야 하는 마들렌 반죽의 특성 때문에 발생하는 현상입니다. 이 책에서 제시하는 오븐 온도가 있지만, 각자의 오븐 모델과 전력량에 따라 발현되는 성능이 모두 다를 것입니다. 만약 컨벡션이 아닌 열선 오븐(데크 오븐)을 사용하고 있다면, 윗면이 빠르게 익어 아주 납작한 마들렌이 나올 가능성이 높습니다. 또한 열을 강하게 받으면 배꼽 안쪽에 아직 부

풀고 있는 반죽이 연약한 곳으로 새어 나와 배꼽이 마치 콧물이 흐른 듯한 모양이 되기도 합니다. 외관상 작은 차이는 있지만 맛이나 식감에는 큰 차이가 없습니다.

[답변]
반죽과 굽기. 이 두 가지를 점검합니다.

반죽의 최종 온도가 높으면 베이킹파우더의 활성화가 촉진되어 이산화탄소가 일찍 소진되고 이로 인해 오븐 속에서 배꼽이 부풀지 못할 수 있습니다.
그리고 컨벡션 오븐이 온도가 너무 높아 껍질이 미리 형성되면 배꼽이 올라오지 못할 수 있습니다. 몰드 바닥에 받친 그릴이 너무 차갑지는 않았는지도 점검해 봐야 합니다. 차가운 상태의 반죽을 담은 몰드를 상온에 두었던 그릴 위에 올려 오븐에서 굽는 것이 가장 좋습니다. 굽는 과정에서 마들렌 옆구리 살이 올라오는 타이밍을 잘 확인했는지 체크해 보는 것도 중요합니다. 묵직한 반죽의 경우 보통 반죽에 비해 마들렌 옆구리 살이 올라오기까지 1~2분 정도가 더 소요되는데, 이를 확인하지 않고 오븐 문을 열어 오븐 온도를 떨어뜨린 뒤 몰드를 돌렸다면 배꼽이 낮게 나올 가능성이 높습니다.

과자방과
셰프들의 이야기

2019년 여름, 아주 작고 허름한 2층짜리 오래된 상가에 작업실을 얻게 되었습니다. 처음엔 두 명의 셰프가 각자 직장을 다니면서 오롯이 실험하고 테스트하는 작업실로 쓸 예정이었기 때문에 상권 분석이나 편리성을 전혀 고려하지 않은 채 저렴하여 얻은 공간이었습니다. 천에 오십, 서울에서 이것보다 싼 상가가 있을까요? 더 생각할 것도 없이 계약을 하고 그동안 제과사로 일하며 모은 돈을 거의 다 쏟아부었는데도 작은 작업실은 좀처럼 채워지지가 않았습니다. 그렇게 작업실을 꾸려가던 어느 날, 열심히 꾸민 작업실에서 순전히 나의 노력으로 과자를 만들어 수익을 내고 싶다는 생각이 들었습니다. 그 여름, 무모한 열정으로 모든 것이 시작되었지요.

이미 모은 돈은 재료를 사고 기본 기물을 채워 넣느라 써 버린 탓에 더 좋은 장비나 몰드를 구비하는 일은 불가능했고, 그 상태에서 빠르게 진행할 수 있는 일을 선택해야 했습니다. 제과 베이킹 클래스! 제과는 빵에 비해 단시간 안에 빠르게 결과물을 낼 수 있고, 장비가 많이 필요하지 않았기 때문에 클래스용 제품을 개발하면서 처음으로 이 요상한 2층 상가에서 모객을 시작하였습니다.

처음에 원했던 것은 우리가 가진 모든 지식을 쏟아낼 수 있는 다채로운 제과를 다루는 클래스였는데, 이름도 모르는 곳에 고객들이 처음부터 값을 지불하고 수업을 들으러 올 리가 없었습니다. 열심히 품목을 개발하고, 사진을 찍고, 맛있는 과자를 블로그에 올려도 별 반응이 없어 두 달간은 꼬박 머리를 싸매고 고심했던 기억이 납니다. 이대로는 안 되겠다 싶어서 아주 싼값에 1:1 다쿠아즈 클래스를 열었는데 다행히 반응이 아주 좋았습니다. 온수기를 설치하지 못해, 매번 물을 끓여서 설거지를 했는데 클래스를 시작하고 2주 만에 드디어 온수기를 설치할 수 있었습니다.

두 달이 지나자 품목을 늘려 보고 싶었습니다. 그래서 여러 시도를 했는데 그중 가장 성공적이었던 것이 마들렌이었습니다. 마들렌 클래스를 개설하면서 중요하게 생각했던 것은 늘 소외받으며 제과점 한구석에 작고 납작하게 엑스트라처럼 놓여 있던 마들렌을 주인공으로 만들자는 것이었습니다. 이를 위해 모든 요소에 광적으로 집착하기 시작했지요. 배꼽의 모양, 빵빵한 볼륨, 다채로운 맛과 질감!
운 좋게도 작은 구움과자들이 막 각광을 받기 시작하던 시절이라 낮은 배꼽과 심플한 구성에서 탈피하여 다양한 조합으로 풍성하고 예쁜 볼륨을 가진 마들렌을 연구하고 만들어 내기 시작하니 반응이 뜨거웠습니다. 마들렌 2종으로 간단하고 심플하게 시작했던 수업은 마들렌 4종 시즌 1, 2를 지나 크리스마스 시즌 마들렌까지 무려 6개월간 빠르게 인기를 얻으며 성장했고, 클래스를 알리는 무기가 되었습니다. 통통하고 아름다운 외관, 묵직한 식감, 큰 볼륨 등으로 판매가가 낮지 않아도 납득이 될 만큼의 상품성을 가진 맛있는 마들렌을 만들기 위해 열정을 불태웠습니다. 클래스 오픈과 동시에 과자를 택배로 받아 볼 수 있도록 온라인 스토어를 운영하며 택배도 시작했습니다. 맛을 보고 수업을 신청할 수 있다는 게 큰 장점으로 작용해 클래스도 성황을 이루었습니다.

그러나 2개월 뒤, 코로나의 발발로 과자방에도 큰 변화가 찾아왔습니다. 모두와 마찬가지로 어렵고 두려운 가운데서도 기존에 하던 온라인 스토어를 열심히 운영했지만 여름이 되니 그마저도 여의치 않았습니다. 스티로폼 아이스박스를 사용하고 싶지 않아 그동안 잘 운영하던 택배를 과감히 중단하고 대신 그 이상한 2층 작업실에서 대뜸 '과자방'을 열어 버렸습니다.

2020년 7월, 고작 11평 공간에서 '과자방' 첫 오프라인 매장이 시작된 것입니다. 장마철이라 비는 무척이나 많이 왔고 아무도 찾아주지 않을까 걱정되어 오픈 며칠 전부터 주변 아파트를 열심히 돌며 허가를 받고 동마다 엘리베이터에 전단지를 붙였습니다. 다행히 개업을 하는 날에는 가족, 친구들, 수업을 들었던 분들이 장대비를 뚫고 찾아와 고마울 따름이었지만 그 이후론 장사가 잘 되지 않았습니다. 울기도 하고 고민도 많이 하며 두려운 시간을 보내야 했지요. '할 수 있는 것은 다 해 보자'라는 마음으로 닥치는 대로 일을 벌이고, 제품을 만들면 이웃 가게, 경비실, 근처 지구대, 교회에 갖다 드리며 맛을 보도록 했습니다. 좋은 재료와 우리의 테크닉을 열심히 알리면서 다섯 달을 버티자 드디어 웨이팅이 생기기 시작했습니다. 정말 감사해서 눈물이 나올 지경이었습니다. 그렇게 많은 분들이 찾아 주신 덕에 다음해인 2021년에는 1층으로 이사를 할 수 있었고 더 나은 조건에서 고객들에게 디저트를 만들어 드릴 수 있어서 정말 기뻤습니다.

이사를 하고 나서는 더 많은 손님들을 만나고 다양한 기회가 생겨 과자방의 맛있는 디저트를 보다 널리 전파하기 위해 노력하고 있습니다. 앞으로 또 어떤 변수가 찾아올지는 예측 불허이지만, 제과사로서 다양한 제품을 통해 고객에게 특별한 미식 경험을 전하고자 하는 목표를 가지고 헤쳐 나가려고 합니다. '디저트는 맛있고 즐거워야 한다'는 철학으로, '단 한 입을 먹더라도 맛있게'라는 핵심 가치를 가지고, 과자방은 오늘도 열심히 구움과자의 기술을 만들어 나가고 있습니다.

당신의 5년을 절약해 줄

구움과자의 기술

저 자 Ⅰ 정용현 · 강현지
발행인 Ⅰ 장상원
편집인 Ⅰ 이명원

초판 1쇄 Ⅰ 2024년 8월 28일
　　 2쇄 Ⅰ 2024년 9월 25일
　　 3쇄 Ⅰ 2025년 3월 31일

발행처 Ⅰ (주)비앤씨월드 출판등록 1994.1.21 제 16-818호
주 소 Ⅰ 서울특별시 강남구 선릉로 132길 3-6 서원빌딩 3층
전 화 Ⅰ (02)547-5233　　팩 스 Ⅰ (02)549-5235
홈페이지 Ⅰ http://bncworld.co.kr
블로그 Ⅰ http://blog.naver.com/bncbookcafe
인스타그램 Ⅰ @bncworld_books
진 행 Ⅰ 홍서진　　사 진 Ⅰ 이재희　　디자인 Ⅰ 박갑경
ISBN 979-11-86519-90-5　　13590